数据科学博弈论

[法] 博伊·法廷（Boi Faltings） 著
[美] 戈兰·拉达诺维奇（Goran Radanovic）
王 勇 仲国强 译

机 械 工 业 出 版 社

智能系统常常依赖信息智能体提供的数据，比如传感器数据或者外包的人工计算。提供真实和相关的数据需要的工作量很大，智能体不总是愿意提供。因此，不但校验数据的正确性变得重要，而且激励机制也很重要，使提供高质量数据的智能体得到的奖励多，质量低的则奖励少。

本书介绍了不同的场景及假设，包括感知、人工计算、同行评级、评审以及预测。书中综述了不同的激励机制，包括适当的打分规则、市场预测和同行预测，贝叶斯测真机，同行测真机，相关协议以及使它们适用的一些设置。作为替代方案，也考虑了信誉机制。同时补充了博弈论分析在预测平台、群智传感、同行评级中的应用实例。

本书适合数据科学、机器学习、计算博弈论等领域的研究人员，以及相关专业的高校师生阅读。

图书在版编目（CIP）数据

数据科学博弈论/(法) 博伊·法廷，（美）戈兰·拉达诺维奇（Goran Radanovic）著；王勇，仲国强译. —北京：机械工业出版社，2021. 2

书名原文：Game Theory for Data Science：Eliciting Truthful Information

ISBN 978-7-111-67025-4

Ⅰ. ①数…　Ⅱ. ①博…②戈…③王…④仲…　Ⅲ. ①数据处理
Ⅳ. ①TP274

中国版本图书馆 CIP 数据核字（2020）第 247247 号

机械工业出版社（北京市百万庄大街 22 号　邮政编码 100037）
策划编辑：顾　谦　责任编辑：闫洪庆
责任校对：张玉静　封面设计：马精明
责任印制：孙　炜
保定市中画美凯印刷有限公司印刷
2021 年 2 月第 1 版第 1 次印刷
184mm × 240mm · 6. 5 印张 · 147 千字
0 001—2 000 册
标准书号：ISBN 978-7-111-67025-4
定价：49. 00 元

电话服务	网络服务
客服电话：010－88361066	机　工　官　网：www. cmpbook. com
010－88379833	机　工　官　博：weibo. com/cmp1952
010－68326294	金　　书　　网：www. golden－book. com
封底无防伪标均为盗版	机工教育服务网：www. cmpedu. com

原书前言

数据和资料相比有非常不同的特性：价值高度依赖新颖性和精确性，仅由产生它的上下文决定。另一方面，它能被自由复制且不需要成本。因此，它不能被看成有内在价值的资源，这是大多数博弈论的关注点。

相反，本书相信数据博弈论应关注产生新颖、精确数据的激励机制，本书把此类观点的近期工作汇集在了一起。

本书介绍了可用于这种激励的各种机制。从可验证信息的激励机制开始展示，真实数据（ground truth）用作激励的基础。本书大多数内容是关于更难的不可验证信息的激励问题的，真实数据永远不可知。事实证明，即便在这种情况下，博弈论能提供激励，使得提供精确和真实信息的贡献者获得最大利益。

本书也考虑在有些场景下，智能体主要想通过它们提供的数据来影响学习算法的结果，这里面就有无视货币奖励的恶意智能体。书中将展示如何限制个体数据提供者对学习结果的负面影响，以及如何阻止恶意的报告。

不过本书的主要目标是使读者理解构造激励机制的原理，最后以分析几种必须要考虑的特征来结束，它们集成在了一个实际的分布式机器学习系统中。

本书是写作时处在发展中的这个领域的一个快照，希望它能激发更多研究者的兴趣。

Boi Faltings，Goran Radanovic

原书致谢

作者对这个问题的兴趣可追溯到 2003 年，大量早期工作是和 Radu Jurca 在合作中完成的。他建立了本书中介绍的多个机制，并有很多重要的创见。也感谢多年来进行讨论和评论的许多研究者，特别是 Yiling Chen、Vincent Conitzer、Chris Dellarocas、Arpita Ghosh、Kate Larson、David Parkes、David Pennock、Paul Resnick、Tuomas Sandholm、Mike Wellmann 和 Jens Witkowski。

Boi Faltings，Goran Radanovic

目　录

原书前言
原书致谢
第 1 章　绪论 // 1
1.1　动机 // 1
1.1.1　商品点评 // 1
1.1.2　民意调查 // 2
1.1.3　群智传感 // 3
1.1.4　众包任务 // 3
1.2　质量控制 // 4
1.3　设置 // 5
符号 // 12
路线图 // 12
第 2 章　用于可验证信息的机制 // 13
2.1　获取单个值 // 13
2.2　导出分布：适当的评分规则 // 16
第 3 章　不可验证信息的参数机制 // 19
3.1　客观信息的同行一致性 // 20
3.1.1　输出一致性 // 20
3.1.2　博弈论的分析 // 21
3.2　主观信息的同行一致性 // 23
3.2.1　同行预测方法 // 23
3.2.2　通过自动机制设计，提高同行预测能力 // 26
3.2.3　同行预测机制的几何特征 // 27
3.3　共同的先验机制 // 29
3.3.1　阴影机制 // 29
3.3.2　同行测真机 // 30
3.4　应用 // 34
3.4.1　自我监控的同行预测 // 34
3.4.2　同行测真机应用于群智传感 // 35
3.4.3　Swissnoise 中的同行测真机 // 37
3.4.4　人工计算 // 40
第 4 章　非参数机制：多份报告 // 43
4.1　贝叶斯测真机 // 43
4.2　鲁棒的贝叶斯测真机 // 45
4.3　基于差异的 BTS // 47
4.4　两个阶段的机制 // 50
4.5　应用 // 50
第 5 章　非参数机制：多任务 // 52
5.1　相关协议 // 52
5.2　面向众包的同行测真机（PTSC）// 55
5.3　对数同行测真机（LPTS）// 58
5.4　其他机制 // 59
5.5　应用 // 60
5.5.1　同行评分：课程测验 // 60
5.5.2　群智传感 // 61
第 6 章　预测市场：结合启发和聚合 // 66
第 7 章　受影响力激励的智能体 // 71
7.1　影响限制器：真实数据的使用 // 71
7.2　当无法获得真实数据时的战略防御机制 // 76

第 8 章　分布式机器学习 // 78
8.1　管理信息智能体 // 78
8.2　从激励到回报 // 81
8.3　与机器学习算法的集成 // 83
8.3.1　短期的影响 // 84
8.3.2　贝叶斯聚集成直方图 // 84
8.3.3　模型插值 // 85
8.3.4　学习分类器 // 86
8.3.5　隐私保护 // 86
8.3.6　对智能体行为的限制 // 86
第 9 章　总结 // 88
9.1　对质量激励 // 88
9.2　分类同行一致性机制 // 89
9.3　信息聚合 // 91
9.4　未来的工作 // 91
参考文献 // 92

第1章 绪论

1.1 动机

用大数据获得洞察力或做优化决策已成为现时的口头禅。有些领域已经使用数据很长时间，如金融和医学，现在的新技术可以带来自动交易和个性化医疗这样的创新。其他领域也在使用数据，比如根据他人的评论或自己的经历来选择餐厅或酒店。自动推荐系统在网上约会服务中非常成功，从而影响了人们生命中最重要的选择——找对象。更传统的应用，如刻画潜在的恐怖分子，已经深远地影响到现在的社会。

提供这些数据变得非常重要——它被称为“21世纪的石油”——它不应被限制在只有采集到的人使用，而是作为一种商品，能够交换和分享。当专门的组织可以收集合并其他人收集到的数据时，并且把数据收集工作外包给容易获取到的人，数据科学将成为无比强大的工具。

然而，和石油不同，很难判断数据的质量究竟如何。仅根据一条数据自身，不可能区分出是随机数还是实际的测量值。此外，有了其他已知的数据，数据也许变得冗余。显然，数据的质量取决于上下文，根据数据的质量来付费将比买石油需要更复杂的模式。

数据的另一个特性是能够免费复制。只有当数据首次被观察到时才产生价值。因此，以一种方式，使得提供初次观察值的人不但获得劳动报酬，而且又能被激励提供尽可能好的数据，将是很有意义的。这是本书要解决的问题。

为了理解质量问题，考虑四个从其他人那里获得数据的例子：商品点评、民意调查、群体传感（crowdsensing）和众包任务（crowdwork）。

1.1.1 商品点评

任何一个买商品、选餐厅、订宾馆的人都会考虑其他人的经验，大家的观点不同。因此，评论成为互联网最大的成功点之一，用户可以为了其他人的利益真实地分享信息。今天，评价对经营一家餐厅或宾馆来说非常重要，有很多理由去操作它们，于是我们想知道这些信息是否可信。尽管评论网站尽力消除那些花钱雇人写的假评价，但因为评价是自由写的，正如下面将看到的，仍有自选择偏差。

留下评价的人，会出于任何目的，花工夫写没有任何奖励的评价。然而，虽然有一些评论者是无私心的，但他们中的许多人分为两类：那些极不高兴想报复的人；那些感受极好，很想写好的评论的人（见图1.1）。这个趋势并非个案：Hu、Pavlou 和 Zhang[1] 报告了详细的评价分析。发现在亚马逊网站上多数评价有类似图1.2 所示的偏斜分布。然而，当他们请总体无偏的66 位学生来测试评价为图1.2 左图对应的产品时，得到一个接近高斯的分布，如图1.2 右图所示。

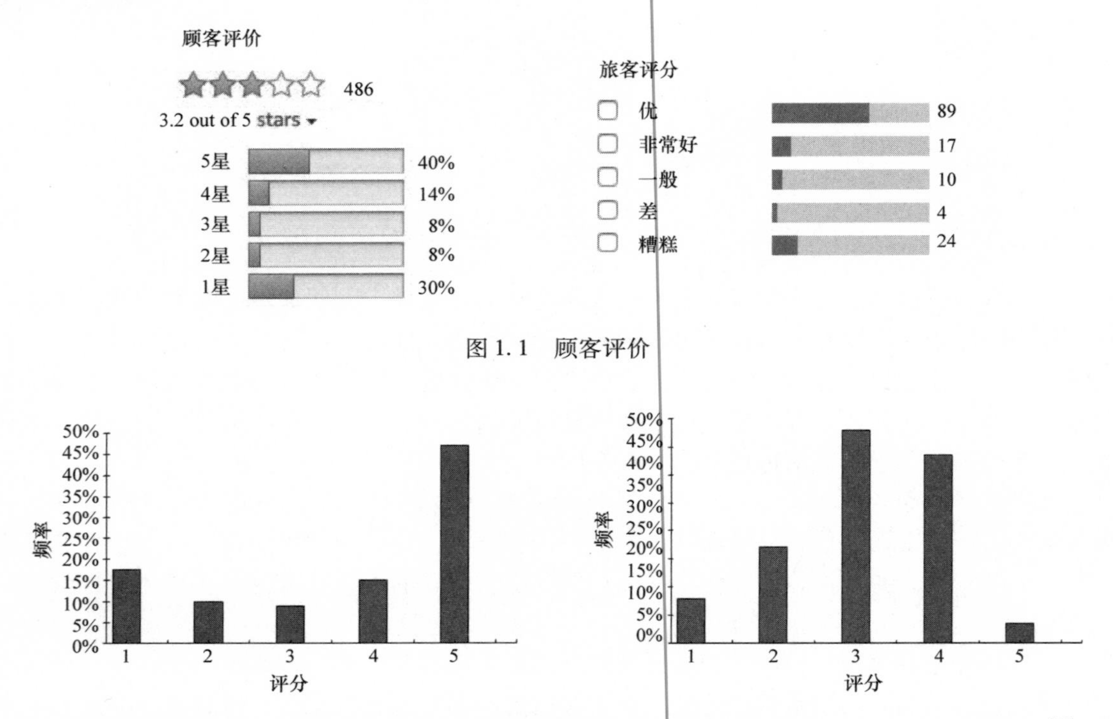

图1.1　顾客评价

图1.2　亚马逊网站上以及班上所有学生对某音乐CD 的评价分值分布（摘自Hu、Pavlou 和Zhang[1]）

偏差如此之大，人们不得不问自己，在做决定时那么重视评价是否有意义。很清楚，收集评价的方式有很大的改进空间，这是本书的主要议题之一。

1.1.2　民意调查

数据对生活有巨大影响的另一个领域是民意调查，比如预测选举结果、公众对政策或问题的观点或一个产品成功的潜力。人们看过很多这类投票惊人的失败。例如2014 年预测苏格兰独立的投票结果（见图1.3）、2016 年英国脱欧的投票结果。如果投票结果可信，政治活动和党团将能够更加精确地反映选民的真实喜好。但政治投票只是冰山一角，因为产品和服务不能满足客户的需求所引发的巨大低效，投票不能精确地反映出真实情况。

互联网能提供强大的工具来收集这种信息，但我们发现了和之前评价遇到的自选择及动机相似的问题。当普通公民没兴趣花精力去回应民意调查时，那些某个偶像的粉丝或有特定动机的人，会不遗余力地影响民意调查的结果。需要一些模式，去激励那些无偏见的、有见识的人参与，以及做出精确的估计。

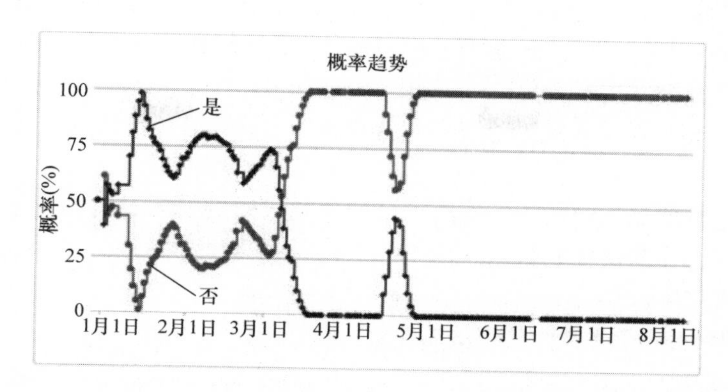

图 1.3　2014 年 9 月 18 日苏格兰独立全民公决前，Swissnoise 在线民意调查的演变

1.1.3　群智传感

尽管一些污染能被看到或闻到，但真正有害的物质如细颗粒物、一氧化碳、二氧化氮，不能被人体感受到，所以它们必须用传感器来监测。最新开发的低成本传感器有望实现可接受的低成本的实时测量。因为不能到达城市所有的位置，布放传感器最好的方法是通过群智传感，传感器由个人所有和操作，政府向他们付费，测量数据汇集到系统中形成一个公众可获得的污染地图。

这种低成本传感器的一个早期例子是空气质量蛋，这是 2013 年开源设计开发的一个启动项目，以 185 美元的价格卖出了 1000 套。测量值上传到制造商的控制中心，提供一个（虽然密度不够大）任何人都能看到的污染地图。虽然这种第一代传感器的精度对特定应用不够，但公众的强烈兴趣显示这种模式是可行的。

图 1.4　低成本传感器：镭豆。原点生活（北京）科技有限公司 Liam Bates 提供

传感器的质量提高很快。写本书时，图 1.4 所示的镭豆能提供高精度的细颗粒物测量（2016 年价格为 85 美元），并且更加综合的低成本的设备在开发之中。购买镭豆的人可以把数据传到互联网上。

因此，不远的将来可以相信群智传感将变得很普遍。然而一个重要的问题是如何补偿这些操作者付出的劳动。这个问题将用本书中的技术来解决。

1.1.4　众包任务

智力任务外包已变得很常见，比如通过互联网进行的编程、写作以及其他任务。这种外包的极端形式是众包，小任务分给众多匿名的人，执行任务可得到一点报酬。在亚马逊 Amazon Mechanical Turk 平台上可找到这样的例子，如图 1.5 所示，包括验证网站信息的一致性、标记图片或自然语言文字。

众包任务也用于大规模开放网络课程（MOOC），学生给其他人的作业打分，称为同行评分（peer grading）。

在本书后面，将展示众包任务、同行评分的激励机制的实际经验。众包任务的困难在于不仅要找到对的人，还要使他们投入所需的精力以得到高质量的结果。因此，激励能大到覆盖工作成本就非常重要。

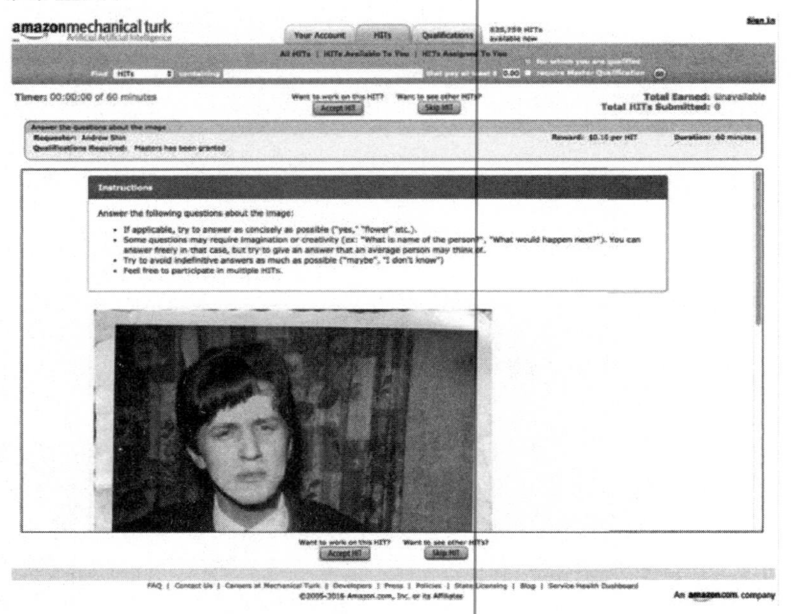

图 1.5　众包任务平台的例子：Amazon Mechanical Turk

1.2　质量控制

有三种不同的方法来改进贡献数据的质量。可以同时使用它们，事实上，它们能互相增强。

第一种也是最容易实现的方法是过滤：去掉异常点以及不一致的数据。例如，在众包任务中常常把相同的任务分给多个工作人员，使用带权重的投票表决来决定答案。当对噪声和偏差的细节有了更多了解时，Dawid 和 Skene[5] 提出的统计方法有助于了解真实数据。这些方法很好用，但不是本书的关注点，它们可以和我们展示的技术同时使用。

第二种方法是给数据智能体一个质量分。例如，在众包任务的设计中，包括一些答案已知的黄金任务是很常见的，根据这些黄金任务答对的比例，给工作人员一个质量分。或者根据工作人员报告的数据和真实值建模，把质量分当作一个潜在变量进行估计。

第三种方法是激励智能体，让它们尽最大努力提供精确信息。例如在预测平台上，可以根据对最终结果预测的准确程度进行奖励。不过很多情况下，数据不容易验证，或者因为它可能是主观的，比如来自客户的经验，也可能因为真实数据永远不知道，大多数情况都是这样。尽管有点奇怪，但在大多数实际场景中，用博弈论能为获得准确数据提供很强的激励，这是本书的关注点。

这三种选择中，激励是唯一不需要丢弃数据的，事实上，它们还能增加可用数据的数量和质量。激励可以不太精确，只要智能体们相信平均来说好就可以。即使不太精确的激励也能获得100%的正确数据，而过滤和评分永远不能完全消除不精确。

然而，激励方法能够起作用的一个重要条件是智能体提供信息是理性的：它们通过行动来最大化预期的奖励。如果存在误会、不在乎或别有用心，智能体将不起作用。因此，对智能体来说，整个过程简单、容易评估非常重要。

1.3 设置

本书中考虑图1.6所示的多智能体设置。收集一种现象的状态数据，例如，可以是对一家餐厅质量的评价、外包任务中真实的回答或城市里环境污染这样的物理现象。

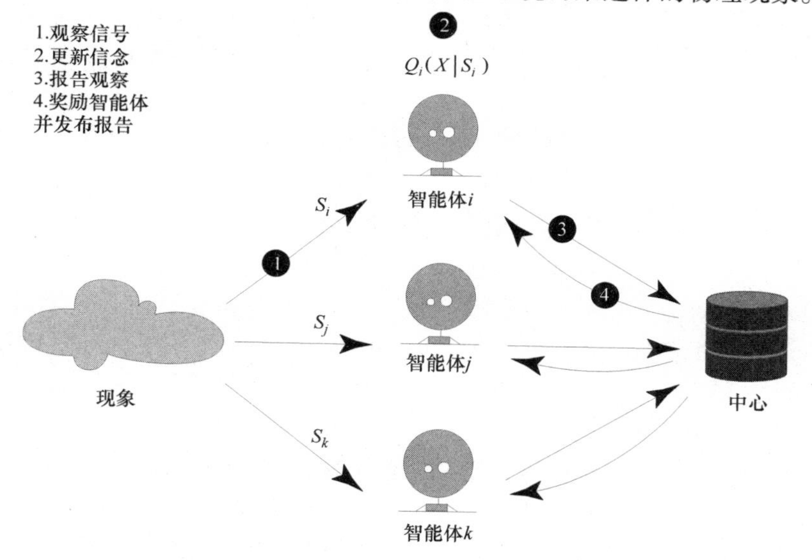

图1.6 本书假定的多智能体场景

状态用变量X来描述，其值取自离散空间$\{x_1, \cdots, x_n\}$。现象由多个信息智能体$A=\{a_1, \cdots, a_k\}$来观察。智能体a_i观察到的信号s_i取自相同的状态表示集，于是假定s_i的值也取自$\{x_1, \cdots, x_n\}$。

中心关注现象的数据，以便学习模型或用这些模型做决策。它要求智能体报告现象的信息。作为回报，给智能体奖励，激励它们提供可能的最高质量的信息。

这里区别客观数据和主观数据，前者智能体观察到的现象有相同的表现，后者观察到的相同现象可能有不同的表现。测量特定时间和地点的温度是客观数据的例子。判断餐厅饭菜的质量是主观数据，虽然来自同一个厨房，但每人吃的菜不一样。对客观数据，中心对最精确地估计这个值有兴趣，但对主观数据来说，目标是不同智能体的观察值的分布。

对客观数据，现象状态存在真实数据可把精确的和不精确的报告分开。区分两种情况：可验证信息，中心最终能获得真实数据；不可验证信息，真实数据永远未知或不存在。可验证信息的例子是天气预报和选举投票。主观数据的例子可以是对产品的评价，一般不好验证。实际上大多数客观数据也因为成本太高从来不做验证。

对主观数据，中心的目标不能是获取真实数据，因为这样的真实数据不能被定义。最好的就是对信息智能体观察值的分布进行建模：对餐厅的评价来说，中心希望预测另一位顾客对饭菜的喜欢程度，而不是它的饭菜为什么获得了这种质量分布。即使对客观信息，中心有时对观察值建模比对客观事实更感兴趣：天气预报报告的是主观温度，和风力及湿度有关。

因此，本书中假定中心的目标是获得信息智能体观察到的信号的精确报告。作为结果，考虑一种表面化的但简单的现象模型，其状态只是智能体全体观察到的信号分布，例如，对污染测量，它是一种有噪声的估计的分布，对产品评价，它反映了评分的分布。这样使得方法很通用，不需要考虑关于现象自身的详细模型。

对智能体策略选择的影响 上述场景很关键的一个因素是智能体。每个智能体可自由选择报告给中心的策略。要识别出启发式（heuristic）策略，在这里智能体甚至没有去观察现象。

定义 1.1 当报告值不是从对现象的观察得出时，该报告策略被称为启发式。

合作式策略。

定义 1.2 当智能体投入人力去观察现象，并且真实报告了观察值时，该报告策略称作合作式。

启发式策略的例子包括总报告相同的数据、报告随机的数据，或根据之前的数据分布报告最可能的值。在合作式策略中，有时把导致不同精度数据的不同等级的工作量区别开来。合作式策略是真实策略的子类，真实策略中，智能体真实地报告所观察的现象。后面会看到，当确实能激励真实策略时，也能激励合作式策略所需尺度的工作量。

除限制影响那一章，假设智能体无意对中心收集的数据施加影响。进一步，假设智能体是理性的、风险中性的，它们总是选择最大化它们预期效用的策略。同时，假设它们的效用是准线性的，于是它们能算出投入工作量的成本和报酬之间的差值。

这些特点使得中心能够通过奖励来影响智能体的策略选择。在博弈论中，这称为机制（mechanism），如何设计是本书的主题。总的来说，努力实现以下特性：

1）真实性：引导智能体选择合作式和真实的策略；

2）个体是理性的：智能体期望通过参与得到正的效用；

3）正向的自我选择：只有提供有用数据的智能体才能从参与中获得正的效用。

机制设计的原理 智能体获取数据并向中心报告需要成本，如果这些成本得不到最起码的补偿，它们不会做。根据不同情况，智能体可能对货币补偿感兴趣（货币可以是认可、奖章或此类的奖励），也可能对中心建模产生影响力感兴趣。本书大多数章节考虑货币激励的情形，只在第 7 章介绍智能体受影响力驱动的情况。因为这样的智能体很难提供真正的数据，只能提供意见，不清楚这种情况是否能产生准确的模型。

真实机制的原理，是根据和参考资料的一致性程度来奖励报告。在资料可验证时，参考资料来自于真实数据，它最终是可以得到的。在资料不可验证时，参考资料由其他智能体提供的同行报告构成。诀窍在于，智能体们都能观察到现象，这是允许它们协调各自策略的共同信号。因此，通过奖励这种协调性，可以激励它们尽最大努力观察现象并准确报告。但是，必须注意避免其他协调的可能性。

Kong 和 Schoenebeck[4] 最近指出了这一原理的另一个动机。这里认为智能体给的信号 s_i 和参考信号 s_j 是相关的，仅当它们都源自相同的现象时。为了预测 s_j，中心只能使用来自智能体报告的信息，如 s_i。通过数据处理引理——信息理论的一种结果，没有数据处理可以增加信号 s_i 给出的关于 s_j 的信息。事实上，除了排列之外的任何对 s_i 的变换只能减少 s_i 给出的关于 s_j 的信息。因此，通过关于 s_j 的信息量对报告 s_i 进行评分是激励智能体如实报告信息的良好原则。它还将智能体的激励与中心的目标对齐，即获得用于预测 s_j 的最大信息量。

智能体信念（beliefs） 这个机制利用智能体的自利影响它们的策略。这种影响特别取决于观察如何影响智能体对该现象的信念，以及对不同策略可能获得的奖励。因此，对信念建模，以及根据观察到的信号对信念进行更新至关重要。

信息智能体 a_i 的信念要用表示现象 X 的状态的先验概率分布 $P_i(x)=\{p_i(x_1),\cdots,p_i(x_n)\}$ 来表示，如果根据上下文很清楚，可以去掉下标。[⊖] 在观察之后，基于接收到的信号 s_i，它将先验概率分布更新为后验分布 $\Pr_i(X=x|s_i=s)=P_i(x|s)$，通常写成 $Q_i(x|s)$。作为简写，经常删掉标识智能体的下标，把观察信号作为下标。例如，根据上下文很清楚智能体时，可以把 $q_i(x|s)$ 记作 $q_s(x)$。还要注意，使用 Pr 表示客观概率，而 P 和 Q 是主观智能体信念。

重要的是，假设 s_i 随机地与现象的状态 $x_1,\cdots,x_n$ 相关，这意味着对于所有的信号值 $x_j\neq x_k$，$Q_i(x|x_j)\neq Q_i(x|x_k)$，可以通过后验分布来区分它们。

信念更新 假设智能体使用贝叶斯更新，其中先验信念反映在观察之前的所有信息，后验信念也包括新的观察。最简单的情况是当信号 s_i 仅指示值 o 作为观测值时。概率分布由不同值的相对频率给出时，更新可以是新观察与先验分布的加权平均：

$$\hat{q}(x)=\begin{cases}(1-\delta)p(x)+\delta & x=o\\(1-\delta)p(x) & x\neq o\end{cases}=(1-\delta)p(x)+\delta\cdot\mathbf{1}_{x=o} \tag{1.1}$$

式中，δ 是一个参数，可以根据智能体给自己的测量值与其他测量值的权重取不同的值。

两个属性对于保证在本书中展示的机制属性特别有用：自我支配和自预测。

考虑第一个客观数据，其中智能体认为它们观察到的现象具有一个真实状态，并且它们都观察到这种状态带有一些测量噪声。例如，它们在特定时间计算同一餐厅的顾客数量，或者它们在同一地点和时间测量温度。

如果测量是无偏的，则信念更新将用测量获得的概率替换先验，因为它更准确地表征实际值。这将对应于 $\delta=1$。可以允许智能体不信任其观察结果，从而形成先验和观察的凸

⊖ 本书中，用大写字母表示变量和概率分布，小写字母表示数值或单个值的概率。——原书注

组合。

只要测量主导先验信息，即 $\delta>0.5$，就可以证明信念更新将满足以下自我主导条件。

定义 1.3 当且仅当观察值 o 在所有可能值 x 中具有最高概率时，智能体的信念更新才是自我主导的：

$$q(o|o)>q(x|o)\ \forall x\neq o \tag{1.2}$$

证明是很直接的：$\delta>0.5, q(o|o)>0.5$，因此大于所有其他的 $p(x|o)$，因为 $p(x|o)$ 必须小于 0.5。

对于主观数据，当智能体从分布中观察不同的样本时，即使智能体的观察绝对确定，也不应取代先前的信念，因为它知道其他智能体观察到与它不同的实例。对声誉很高的产品不满意的客户可能认为他收到了不良样品，因此仍然可以相信大多数客户满意。对于主观数据，观察只是一个样本，而先验可能代表许多其他样本。

因此，信念更新应该将智能体的观察视为许多其他样本中的一个，并且通过使用更小的 δ 来给予它更低的权重。例如，如果 o 是第 t 个观测值，则 $\delta=1/t$ 用来计算移动平均值。也可以选择不同的 δ 值来反映测量的可信度。将此更新模型称为主观更新。显然，主观信念更新并不总是满足自我主导条件，正如服务质量差的例子那样。因此，通过仅要求观察值的概率增加到最高来引入较弱的条件。

定义 1.4 当且仅当观察值的概率增加得最高时，智能体的信念更新才是自预测的：

$$q(o|o)/p(o)>q(x|o)p(x)\ \forall x\neq o \tag{1.3}$$

当智能体以主观方式更新其信念时，满足这个条件，见式（1.1），因为其报告的值 o 是唯一显示在先验概率上增加的值。

更一般的情况下，智能体可以从其观察中获得一个向量 $p(obs|x)$，在给定该现象的不同可能值 x 的情况下给出其观察的概率。使用最大似然原理，它将报告指定值的 o。观察的最高概率：

$$o=\underset{x}{\operatorname{argmax}}\ p(s_i=obs|x)$$

对于其信念更新，贝叶斯规则还允许计算每个值的概率向量 u：

$$u_i(x)=p(x|s_i=obs)=\frac{p(s_i=obs|x)p(x)}{p(s_i=obs)}$$

式中，$p(s_i=obs)$ 未知，但可以从 $\sum_x u_i(x)=1$ 的条件获得。贝叶斯智能体将使用此向量进行信念更新：

$$\hat{q}_i(x)=(1-\delta)p(x)+\delta u_i(x)=(1-\delta+\delta\alpha p(s_i=obs|x))p(x) \tag{1.4}$$

式中，$\alpha=1/(\sum_x p(s_i=obs|x)p(x))$，它是一个归一化常数。

这种更新形式能够考虑相关值。例如，当测量 20℃ 温度时，由于测量不准确，测量结果也可能是 19℃ 和 21℃。这可以反映在后验概率的增加中，不仅是 20，还可以是相邻的 19 和 21。

如果智能体根据最大似然原理选择其报告值 o，则这个更精确的更新也满足自预测条件，因为 $\hat{q}_i(x)/p(x)=(1-\delta+\delta\alpha p(s_i=obs|x))$ 使最大似然估计 o 最大，o 又使得 $p(s_i=obs|x)$ 最

大。然而，即使对于高 δ 也不能保证满足自我主导条件，因为最大似然值的先验概率可能是很小的。

从真实数据（ground truth）**中获取智能体的信念** 一个智能体观察客观数据的一种建模方法是通过具有一定噪声和系统偏差的过滤器来观察真实数据。有时存在一个混淆矩阵 $F(s|w)=\Pr(s_i=s|\Omega=\omega)$ 形式的滤波器模型，它给出了给定真实数据的观测信号的概率。如图1.7中的例子所示。事实证明，这些模型可用于校正后处理数据中的噪声。

		现象状态 ω		
		a	b	c
智能体	a	0.8	0.2	0
信号	b	0.2	0.6	0.2
s	c	0	0.2	0.8

图1.7　混淆矩阵示例，给出了概率分布 $F(s|w)=\Pr(s_i=s|\Omega=\omega)$

例如，Dawid 和 Skene[5] 展示了一种使用期望最大化算法构造与信号报告一致的底层值的最优估计的方法。这样的模型可以让人们推导出智能体的信念和信念更新应该是什么。它可能会产生混淆矩阵，例如在下面的众包任务场景中：要求智能体将网页的内容分为无冒犯性（a）、轻冒犯性（b）和强冒犯性（c）。这个例子的先验分布可能如下：

$P(\omega)$

$p(a)$	$p(b)$	$p(c)$
0.79	0.20	0.01

图1.7所示的混淆矩阵可能描述了众包工作者所使用的观察偏见，这些人倾向于谨慎行事，将无冒犯性内容当作冒犯性内容。注意，考虑到这种观测偏差，信号的先验分布呈现出这种偏差：

$P(s_i)$

$p(a)$	$p(b)$	$p(c)$
0.67	0.28	0.05

出于本书的目的，知道报告信息的智能体的混淆矩阵允许计算智能体在观察之后应该具有关于其同行的后验信念。使用上面给出的混淆矩阵和先验概率：

$$
\begin{aligned}
q(s_j \mid s_i) &= \sum_{\omega\in\Omega} f(s_j \mid \omega) f(\omega \mid s_i) \\
&= \sum_{\omega\in\Omega} f(s_j \mid \omega) f(s_i \mid \omega) \frac{p(\omega)}{p(s_i)} \\
&= \frac{\sum_{\omega\in\Omega} f(s_j \mid \omega) f(s_i \mid \omega) p(\omega)}{\sum_{\omega\in\Omega} f(s_i \mid \omega) p(\omega)}
\end{aligned}
$$

式中，f 指的是图1.7中混淆矩阵模型定义的概率。

图1.8给出了后验概率 $q(s_j|s_i)$，假设每个值显示先验概率。这种预测可用于设计激励机制或理解这些机制工作所必需的智能体信念的条件。

		智能体 i 的观察 s_i		
		a	b	c
智能体 j	a	0.77	0.54	0.17
的观察	b	0.22	0.37	0.53
s_j	c	0.01	0.09	0.3

图 1.8　产生的信念更新：假设所示的先验信念和图 1.7 所示的混淆矩阵，智能体将形成后验概率 $q(s_j|s_i)$

可以看到，为了预测同行智能体 j 的观察，a 对于观察 a 和 b 是主导的，并且 b 对于观察 c 是主导的。因此，这些分布显然不是自我主导的。那它们是自预测的吗？使用与上述相同的混淆矩阵和先验概率，可以获得概率 $q(s_j|s_i)/p(s_j)$ 的相对增加，如下面的矩阵：

		代理 i 的观察 s_i		
		a	b	c
智能体 j	a	1.137	0.80	0.25
的观察	b	0.80	1.32	1.90
s_j	c	0.25	1.90	6.25

显然，对角线上的值在各自的列中最高，这意味着观察值也会看到同行观察概率的最大增加。因此，分布满足自预测性质。

然而，并非总是如此。当误差的比例进一步增加时，甚至可以违反自预测条件。例如，考虑以下混淆矩阵：

		世界国家 Ω		
		a	b	c
智能体	a	0.8	0.2	0
观察	b	0.1	0.5	0.3
s_i	c	0.1	0.3	0.7

这导致了不同观察结果的如下先验概率：

$P(s_i)$		
$p(a)$	$p(b)$	$p(c)$
0.67	0.18	0.15

因此可以得到概率 $p(s_j|s_i)/p(s_j)$ 相对增加，如下面的矩阵：

		智能体 i 的观察 s_i		
		a	b	c
智能体	a	1.137	0.68	0.77
j 的	b	0.68	1.78	1.51
观察 s_j	c	0.77	1.50	1.44

事实证明,这种信念结构不是自预测的,因为 $p(b|c)/p(c)=1.51>p(c|c)/p(c)=1.44$。由于具有轻冒犯性的内容经常被错误地认为具有冒犯性，因此发生 b 的可能性增加。由于成为轻冒犯性内容比冒犯性内容可能性大，因此最有可能导致“冒犯性”信号以及同行信号。

基于这种方式建模过滤器给出的信念更新可以给出什么样的理论保证？这里提出了三种简单的情况，第一种对一般情况有效，另外两种对二进制解空间有效。对于自我主导条件，可以观察以下内容。

命题 1.5　无论何时对于所有智能体 i 和所有 x，$f(s_i=x|\Omega=x)$ 和 $f(\Omega=x|s_i=x)$ 都大于 $\sqrt{0.5}=0.71$，那么即使智能体具有不同的混淆矩阵和先验，信念结构也满足自支配条件。

证明：对于 $s_i=s_j=x$，条件概率 $q(s_j|s_i)$ 为

$$\begin{aligned} q(s_j=x\mid s_i=x) &= \sum_{\omega} f(s_j=x\mid \Omega=\omega) f(\Omega=\omega\mid s_i=x) \\ &> f(s_j=x\mid \Omega=x) f(\Omega=x\mid s_j=x) \\ &\geqslant 0.5 \end{aligned}$$

因为 $q(s_j=x'|s_i=x)\leqslant 1-q(s_j=x|s_i=x)<0.5$，得到 $q(s_j=x|s_i=x)>q(s_j=x'|s_i=x)$。

为了确保自预测条件，可以施加较弱的条件，使智能体具有相同的混淆矩阵与先验条件。

命题 1.6 对二元解空间和相同的混淆矩阵与先验，只要 $F(s|\omega)$ 完全混合且不均匀，信念更新满足自预测条件。

对条件概率 $q(s_j|s_i)$ 和 $s_i=s_j=x$ 有

$$\begin{aligned} q(s_i=x\mid s_j=x) &= \sum_{\omega} f(s_i=x\mid \Omega=\omega)\cdot f(\Omega=\omega\mid s_j=x) = \sum_{\omega} f(x|\omega)^2\cdot\frac{p(w)}{p(x)} \\ &= \frac{\sum_{\omega} f(x|\omega)^2\cdot p(\omega)}{\sum_{\omega} f(x|\omega)\cdot p(\omega)} > \frac{\left(\sum_{\omega} f(x|\omega)\cdot p(\omega)\right)^2}{\sum_{\omega} f(x|\omega)\cdot p(\omega)} \end{aligned}$$

这里的不等式是 Jensen 不等式，严格服从 $F(s|\omega)$ 完全混合和不均匀的条件。

因此

$$\begin{aligned} q(s_i=x\mid s_j=x) &> \sum_{\omega} f(x\mid\omega)\cdot p(\omega) = p(s_i=x) = 1-p(s_i=y) \\ &> 1-q(s_i=y\mid s_j=y) = q(s_i=x\mid s_j=y) \end{aligned}$$

式中，最后一个不等式是由于 $q(s_i=y|s_j=y)>p(s_i=y)$。

对于异构信念，可以在稍强的条件下确保自预测条件，但仅对二元解空间有效。

命题 1.7 对于二元解空间和异构混淆矩阵与先验，每当 $p(s=x|\Omega=x)>p(s=x)$ 时，信念更新满足自预测条件。

证明 注意到

$$\begin{aligned} q(s_i=x|s_j=z) &= f(s_i=x|\Omega=x)\cdot f(\Omega=x|s_j=z)+f(s_i=x|\Omega=y)\cdot f(\omega=y|s_j=z) \\ &= [f(s_i=x|\Omega=x)-f(s_i=x|\Omega=y)]\cdot f(\Omega=x|s_i=z)+f(s_i=x|\Omega=y) \end{aligned}$$

由于

$$\begin{aligned} f(s_i=x|\Omega=x)-f(s_i=x|\Omega=y) &= f(s_i=x|\Omega=x)-1+f(s_i=y|\Omega=y) \\ &> f(s_i=x)-1+f(s_i=y)=0 \end{aligned}$$

（严格地）使 $q(s_i=x|s_j=z)$ 最大化的 z 等于（严格地）使 $f(\Omega=x|s_j=z)$ 最大化的 z。使用贝叶斯规则和命题的条件，得到

$$f(\Omega=x|s_j=x)=\frac{f(s_j=x|\Omega=x)}{p(s_j=x)}\cdot p(\Omega=x)>\frac{p(s_j=x)}{p(s_j=x)}\cdot p(\Omega=x)=p(\Omega=x)$$

$$f(\Omega=x|s_j=y)=\frac{f(s_j=y|\Omega=x)}{p(s_j=y)}\cdot p(\Omega=x)<\frac{p(s_j=y)}{p(s_j=y)}\cdot p(\Omega=x)=p(\Omega=x)$$

所以它也必须保持 $f(\Omega=x|s_j=x)>f(\Omega=x|s_j=y)$。于是，$z=x$ 严格最大化 $p_j(\Omega=x|z)$

及 $p(x|z)$。

符号

符号	含义
$P, Q, R, \cdots$	大写：概率分布
$p(x), q(x), r(x), \cdots$	小写：值 x 的概率
$E_P[f(x)]$	分布 P 下 $f(x)$ 的期望值：$\sum_x p(x) \cdot f(x)$
$H(P)$	概率分布 P 的熵：$H(P) = \sum_x -p(x)\log p(x)$
$D_{KL}(P \parallel Q)$	Kullback - Leibler 发散 $D_{KL}(P \parallel Q) = \sum_x p(x)\log\frac{p(x)}{q(x)}$
$\lambda(P)$	辛普森的多样性指数 $\lambda(P) = \sum_x p(x)^2$
$\mathbf{1}_{cond}$	选择器函数：如果 cond 为真，$\mathbf{1}_{cond}=1$，否则 $\mathbf{1}_{cond}=0$
$f(-x), f_{-x}$	f 是独立于 x 的函数
$\mathrm{freq}(x)$	值 x 的频数归一化，于是 $\sum_x \mathrm{freq}(x) = 1$
$\mathrm{gm}(x_1, \cdots, x_n)$	$x_1, \cdots, x_n$ 的几何平均数，$\mathrm{gm}(x_1, \cdots, x_n) = \sqrt[n]{x_1 \cdot \cdots \cdot x_n}$

路线图

本书概述了使独立、自私的智能体准确收集并且如实报告数据的激励措施。本书的目标不是完整性，而是让读者理解构造这种激励的原理，以及如何在实践中发挥作用。

将可验证和不可验证两种信息场景区分开来。对于可验证的信息，机制总是或有时学习真实数据用来验证数据；对于不可验证信息，真实数据无法获知。

当信息可以验证时，可以根据真实数据单独给每个智能体激励，第 2 章将描述这种模式。当信息不可验证时，仍然可以通过博弈论机制与其他智能体进行比较来得到激励。然而，这必然涉及对智能体信念的假设。因此，在第 3 章中，描述了一些机制，这些假设是需要从外部设置的机制的参数。通常，设置这些参数是困难的，因此存在非参数机制，其或者从智能体提供的附加数据中，或者从一组智能体提供的数据的统计中获得参数。第 4 章和第 5 章介绍了使用这些方法的机制。

由于验证还允许评估学习算法对输出数据的影响，因此可以使用激励来使智能体的激励与学习机制的激励相一致。一种方法是通过预测市场，对智能体对于模型的积极影响进行奖励，这是第 6 章中描述的技术。另一种方法是限制它们对学习结果的影响，以阻止那些歪曲学习结果的、提供恶意数据的人，将在第 7 章讨论如何保护数据质量以达到这个效果。在第 8 章中，将考虑将这些技术集成到一个机器学习系统中：管理信息智能体和自选择，支付可调并减少波动，以及与机器学习算法集成。

第 2 章 用于可验证信息的机制

最简单的情况下，数据的准确性可以后来验证。这样，当这些信息有了之后，就可以根据它们分配奖励。这种情况在实际中很常见，比如天气预报、产品销售、选举结果和许多其他现象。有时环境测量，如污染，可以低成本累积验证。农作物病害最终变得很明显。

在本章中，将考虑两种激励机制：获取单个值以及获取一批数值的概率分布。

2.1 获取单个值

考虑中心希望知道或预测现象 $X \in \{x_1, \cdots, x_N\}$ 的值，只考虑离散值的情况。场景如图 1.6 所示；智能体可以观察到淹没在测量噪声中的现象。中心随后可获得真实数据 $g \in \{x_1, \cdots, x_N\}$，用它来计算奖励。

下面是适合这个模型的几个例子。

- 位置 l 的作物是否有病害？可能的答案是 x_1 代表无病害，对不同的已知病害，$x_2 = \text{disease}_1$，$\cdots$，$x_N = \text{disease}_n$。
- 谁将赢得总统大选？对于不同的候选人，答案可能是 $x_1 = \text{cand}_1$，$\cdots$，$x_N = \text{cand}_n$。
- 这款产品的销售额是多少？可能的答案是 x_i，$i \in \{1, \cdots, N\}$，其中 x_i 表示产品销售额在（$i-1$）到 i 百万之间。

在这个例子中激励合作式策略的基本机制，是基本的真相协议机制，如机制 2.1 所示。

这里认为这种机制将使理性智能体采用合作式报告策略。理解为什么会这样，要从智能体的角度来看存在哪些设置，如图 2.1 所示。

1）智能体有先验概率分布 $p_i(x)$，$x_0 = \text{argmax}\ p_i(x)$ 是最可能的值。可缩写为 $p_i(x) = p(x)$。

机制 2.1　真相协议

---

1. 智能体报告数据 =（离散值）x。
2. 中心观察真实数据 g（稍后）。
3. 中心支付智能体奖励：

$$\text{pay}(x, g) = \begin{cases} 1 & x = g \\ 0 & \text{其他} \end{cases}$$

2）代理 i 观察了信号 s_i 并获得后验分布 $q_i(x|s_i)$。缩写 $q_i(x|s_i)$ 为 $q(x|s)$ 或 $q(x)$。$x_1 =$

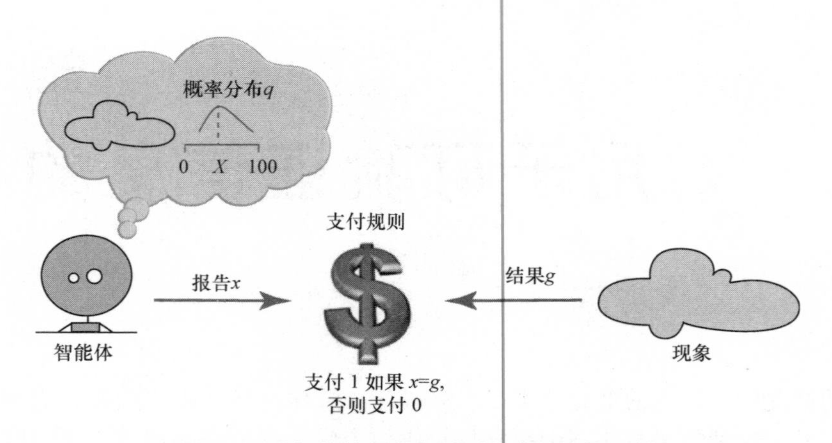

图 2.1 从智能体的角度看到的真相协议机制

argmax$q(x)$是现在最可能的值。因此，智能体相信 x_1 具有最高概率 $q(x_1)$匹配 g。

3）智能体报告 x_1，以及期望（未来）的报酬 $q(x_1)$。

有两个问题使分析复杂化：一是没有观察到现象的智能体也可能获得正收益；二是观察是有成本的。

令人失望的启发式报告 有基本的真相协议机制，没有观察到现象的智能体可以使用启发式策略：简单地报告和先前值最相像的 x_0 值，仍有望得到正的报酬 $p(x_0)$。这就意味着中心会被这些无价值的报告淹没！减少支付以使启发式策略的期望报酬为 0 很重要。注意，这和关于中心对数据需要支付的预算不同，要通过比例来处理。

可以通过修改基本的真相协议机制，减掉根据之前的 $E_{\text{prior}}[\text{pay}] = p(x_0)$所做报告的期望报酬。例如，对参与该机制的智能体收取一种费用。估计 $p(x_0)$通常不容易，尽管有一些背景约束，例如，对于 N 个值，已经知道 $p(x_0) \geqslant 1/N$，因为至少有一个值的概率必然高于平均概率。在第 5 章中，将看到从智能体的报告中自动确定此值的相关协议机制。

昂贵的测量 假设智能体为观察关于某现象的信号 s_i 而花费 m。如果成本很高或者信号没有携带太多信息，就有危险，也许要跳过这个观测。为了避免这个问题，必须确保 m 不超过

$$\underbrace{q(x_1)}_{E_{\text{post}}[\text{pay}]} - \underbrace{p(x_0)}_{E_{\text{prior}}[\text{pay}]}$$

为此，需要通过 $\alpha \geqslant \dfrac{m}{q(x_1) - p(x_0)}$来调节报酬。注意，$\alpha$ 取决于测量技术和智能体的信念，并且可能确定起来很复杂 。然而，结果表明，智能体的行为使它变得很明显：如果 α 太低，理性的智能体将不会参与，因为它们期望的奖励不会大于零。因此，在一般情况下，可以逐渐增加 α，直到有足够多的参与者。

报酬方案的组成 总之，真相协议机制的最终报酬规则如下：

$$\begin{aligned}\text{pay}(x,g) &= \alpha\left[-p(x_0) + \begin{cases}1 & x = g \\ 0 & \text{其他}\end{cases}\right] \\ &= \alpha[\mathbf{1}_{x=g} - p(x_0)]\end{aligned}$$

组成如下：

- 提供真实数据的奖励：如果和真实数据匹配，则支付 1。注意，在本书其余部分也将采用符号 $\mathbf{1}_{x=g}$ 表示这种基于协议的函数表达。
- 偏移量，使启发式报告的预期奖励等于零。
- 调节因数 α，以补偿测量成本。

智能体只能通过观察到的信号来了解现象，根据从信号中得到的后验分布 q，报告它所期望的最可能真实的数据。为了从中心的角度实现真实性，智能体和中心都必须以同样的方式解释现象。例如，在报告温度时，必须约定好测量的位置和时间，使用什么尺度（摄氏度、华氏度、开尔文温度）。

本书主要关注第一个组成部分：报告真实的数据。用于阻止启发式报告的偏移必须由中心估计；本书提供的许多机制将在其设计中包含此部分。

当观察现象以获取真实数据需要成本时，必须调整支付规模，使激励超过成本。注意，只要激励是严格的，这种调节总是可能的：真实报告和不真实报告之间的奖励差值严格为正。因此，本书关注点在于确保严格真实，因为调节在很大程度上依赖信息智能体使用的应用和技术。还可以通过组合多个数据项的奖励来加强激励，将在第 8 章中讨论这种可能性。

对上述机制 2.1 的调节过程，下面形式化地说明其属性。

定理 2.1 给出的调节因数 α 足够大，调节真相协议机制产生的主导策略是合作式的。通过正确的偏移，启发式策略就没有预期的收益。

定理中主导策略的概念意味着这样的解决理念，智能体被激励采用特定的报告策略，而不管其他智能体用什么策略。注意，可以设计类似的机制，不仅能用来获取观察值，还可以获取多个值的属性，例如平均值或众数；更多详细信息参见参考文献［6，7］。

预期报酬 从信息智能体的角度来看，可预期的测量 x 的报酬数是 $\alpha[\max_y(q(y|x)) - p(x_0)]$。由于 $p(x_0)$ 是固定的，并且由机制固定，因此报酬随 $\max_x(q(x))$ 的变化而变化。

众包中的真相协议：黄金任务 在众包中识别懒惰或不合作者的常见方法是在任务中混合一些黄金任务。这些是智能体无法与其他任务区分的任务，但是发包者知道答案并且可以使用这种方法来检查工作人员的表现。

使用黄金任务最简单的方法是使用真相协议：工作人员正确回答黄金任务来收集奖金。由于他们不知道任务是不是黄金任务，因此这转化为对所有任务的（较弱的）激励。然而，为了激励足够强，以使工作人员努力工作，要么放置大量的黄金任务，要么每个黄金任务的奖金非常高。黄金任务太多会浪费工作人员的劳动，而高额奖金则增加了奖金的波动性。

de Alfaro 等人[8]提出了一种方法，只有少量黄金任务用于激励最高层级的工作人员。由于可以假设他们始终会投入所需的工作量来提供好的答案，因此他们的答案可以作为下一层级工作人员的黄金任务，而下一层级工作人员又可以为再下一层级工作人员提供黄金任务，以此类推。这样，少量的黄金任务就能激励整个工作人员层级。该方法的一个问题是，层级结构中较高的工作人员必须是更能干的，这是发包者难以确定的。

2.2 导出分布：适当的评分规则

如果人们希望智能体不仅仅报告它们认为最可能的值，而且也报告它们的后验概率分布 q（见图 2.1）呢？例如，人们希望天气预报员不仅可以告诉人们下周日最可能的天气，而且还可以给人们一个完全的概率分布给出可信度。

假设从历史平均值获得的先验概率是

$p=$

有雨	多云	晴天
0.2	0.3	0.5

现在，智能体通过访问气象数据，检查这些数据并形成后验分布：

$q=$

有雨	多云	晴天
0.8	0.15	0.05

利用真相协议机制，可以让智能体告诉人们下雨是最有可能的。但因为人们真的希望去野餐，对这样的回答不高兴，人们还是想有机会享受一个阳光明媚的日子。如何让智能体告诉人们晴天的概率估计呢？

答案是使用机制 2.2。它基于适当的评分规则。最早由 Brier[9] 和 Good[10] 提出，如图 2.2 所示。

机制 2.2　评分规则

1. 智能体报告数据 = 概率分布 A。
2. 中心观察真实数据（晚些时候）。
3. 中心支付智能体奖励：

$\text{pay}(A,g)=\text{SR}(A,g)$

式中，SR 是一个适当的评分规则。

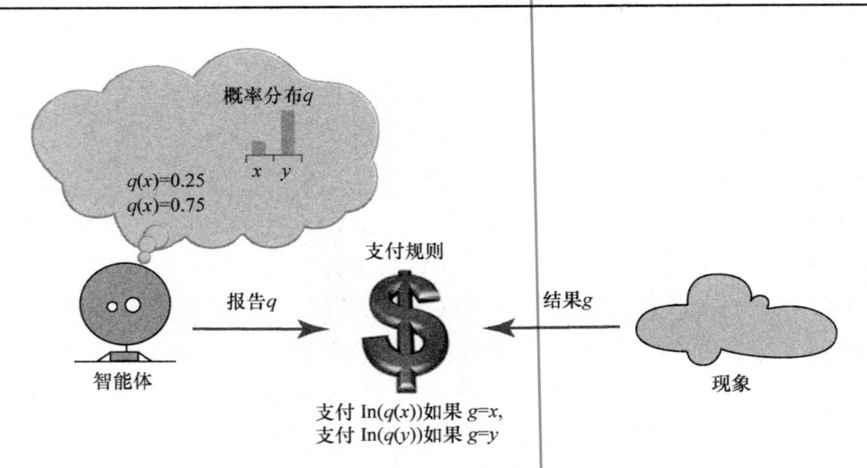

图 2.2　使用适当的评分规则的机制

一个适当的评分规则根据真实数据 g 对报告的概率分布 A 进行评分，并提供这样的报酬：

$$(\forall\ \underline{q}' \neq \underline{q}) \sum_x q(x) \cdot \text{pay}(\underline{q},x) > \sum_x q(x) \cdot \text{pay}(\underline{q}',x)$$

众所周知的例子有

- 二次评分规则[9]：

$$\text{pay}(\underline{A},g) = 2 \cdot A(g) - \sum_{x \in X} A(x)^2$$

- 对数评分规则[10]：

$$\text{pay}(\underline{A},g) = C + \ln A(g)$$

可以在 Geiting 和 Raftery[11] 中找到适当的评分规则及其属性的概述。

在天气示例中，假设智能体向人们提供其真实分布。根据在周日的实际观察，智能体将收到以下报酬。

周日的天气	报酬（对数）	报酬（二次）
有雨	$C+\ln 0.8=C-0.22$	$2\times 0.8-0.665=0.935$
多云	$C+\ln 0.15=C-1.89$	$2\times 0.15-0.665=-0.365$
晴天	$C+\ln 0.05=C-3.0$	$2\times 0.05-0.665=-0.565$
平均	$C-0.6095$	0.665

对于二次评分规则，使用的是$(0.8^2+0.15^2+0.05^2)=0.665$。

需要选择什么偏移量来确保无效报告的预期奖励等于零？注意，使用对数评分规则时，报告先验分布 P 的预期奖励等于：

$$E[\text{pay}(P)] = \sum_x p(x)(C - \ln p(x)) = C - H(P)$$

式中，$H(P)$ 是先验分布 P 的熵。

因此，应该将常数设置为 $C=H(P)$。于是，智能体的预期奖励是 $\alpha[H(P)-H(Q)]$，其中 α 是为了补偿工作量而选择的常数。注意，奖励与智能体给出的真实信号的多少成比例。

对于二次评分规则，根据先验规则报告的预期报酬为

$$E[\text{pay}(P)] = \sum_x p(x)(2p(x) - \sum_y p(y)^2) = \sum_x p(x)^2$$

相当于辛普森多样性指数[12] $\lambda(P)$。因此，应该减去 $\lambda(P)$，预期奖励是 $\alpha[\lambda(Q)-\lambda(P)]$。

为什么适当的评分规则会激发采用合作式报告策略？这里用对数评分规则来考虑预期的奖励：

$$E[\text{pay}(\underline{A},g)] = \sum_x q(x)\text{pay}(\underline{A},x) = \sum_x q(x) \cdot [C + \ln(a(x))]$$

以及真实和非真实报告之间的区别：

$$E[\text{pay}(\underline{Q},g)] - E[\text{pay}(\underline{Q}',g)]$$

$$= \sum_x q(x) \cdot [C + \ln q(x) - (C + \ln q'(x))]$$

$$= \sum_x q(x) \cdot \ln \frac{q(x)}{q'(x)}$$

$$= D_{KL}(\underline{Q} \parallel \underline{Q'})$$

通过 Gibbs 不等式，$D_{KL}(Q \parallel Q') \geqslant 0$，其中仅在 $Q = Q'$时等式成立。因此报告$\underline{Q'} \neq \underline{Q}$只能获得比真实报告 Q 更低的收益。

同样，对于二次评分规则，有

$$E[\text{pay}(\underline{A},g)] = \sum_x q(x)\text{pay}(\underline{A},x) = \sum_x q(x)[2a(x) - \sum_z a(z)^2]$$

以及真实和非真实报告之间的区别：

$$E[\text{pay}(\underline{Q},g)] - E[\text{pay}(\underline{Q'},g)]$$

$$= \sum_x q(x) \cdot [2q(x) - q'(x)] - \sum_z [q(z)^2 - q'(z)^2]$$

$$= \sum_x [q(x)^2 - 2q(x)q'(x) + q'(x)^2]$$

$$= \sum_x [q(x) - q'(x)]^2$$

除了$\underline{Q} = \underline{Q'}$，结果又一次大于 0，所以如实报告 Q 时，预期奖励最大化。

这里总结了机制 2.2 的这些结果，并进行了适当的调整，如下所示：

定理 2.2　对于对数和二次评分规则，通过适当的调整评分规则机制，将使得主导的报告策略为合作式。通过适当的偏移，启发式报告的预期收益等于零。

第 3 章 不可验证信息的参数机制

大多数情况下，代表背后真相的真实数据永远是未知的。对于宾馆和饭店来说，不存在中立的评估者能够验证评价的正确性。在分布式传感中，除了使用众测传感器，许多量永远无法测量。对于假设问题的预测，永远无法了解真实数据。

当无法验证真实数据时，会引入另一种复杂性，如图 3.1 所示。当信息可以被验证时，例如温度测量，它总是客观的：所有智能体都观察到完全相同的量，这和真实数据对应。当无法验证时，它也可能是主观的：智能体观察不同的样本，所有样本都来自同一分布。例如饭店评价就是这种情况：每个顾客的饭菜不同，但这些饭菜都是由同一位厨师制作的。在这种情况下，单个数据项没有真实数据。但是，这些项的分布有一个真实数据。

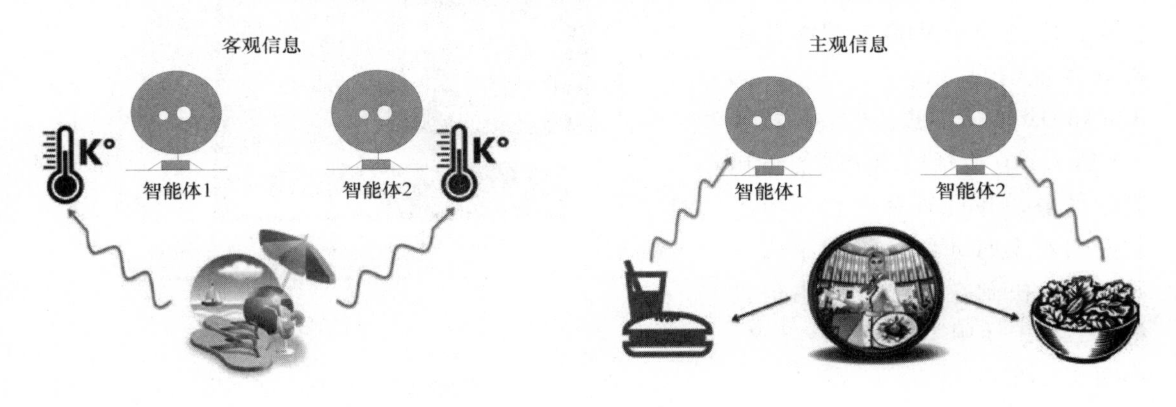

图 3.1　客观信息与主观信息

由于这种区别，获取信息的目标也不一样：对于客观信息，目标是尽可能准确地获取特定的值，而对于主观信息，目标是获得准确的分布。

同行一致性机制　要在这种场景中验证数据，需要利用这些数据和观察到相同现象的其他智能体提交的数据的一致性。把这类智能体称为同行智能体，并根据同行报告的一致性来分类激励方案。图 3.2 说明了该原理。首先考虑针对更简单的客观信息的同行一致性机制。

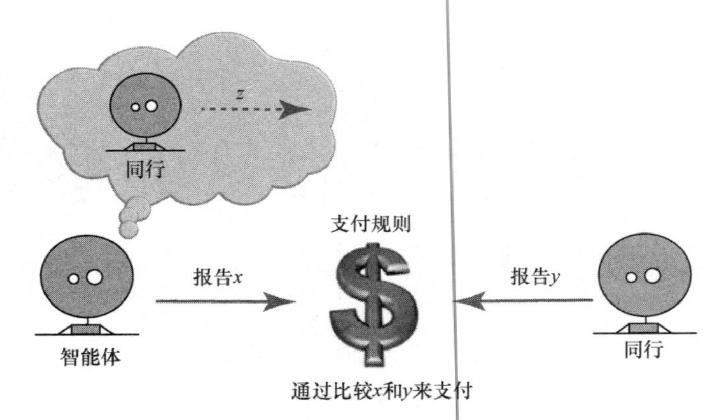

图 3.2　同行一致性场景

3.1　客观信息的同行一致性

3.1.1　输出一致性

众所周知，输出一致性（output agreement）是一种同行一致性机制，广泛用于从多个智能体中提取客观信息，这个术语是 von Ahn 和 Dabbish[13]提出的。如机制 3.1 所示，它包括给两个智能体相同的任务，并且只有当它们给出相同的答案时才给它们固定的奖励。这个机制在 ESP 游戏中得到推广，用于使用关键词标注图像，如图 3.3 所示。

图 3.3　ESP 游戏中一个阶段的屏幕截图

机制 3.1　输出一致性机制

1. 中心给智能体a_i一个任务；a_i报告数据x_i。
2. 中心随机选择一个同行智能体a_j，该智能体也被分配相同的任务并报告数据x_j。
3. 中心支付智能体a_i奖励：

$$\text{pay}(x_i, x_j) = \begin{cases} 1 & x_i = x_j \\ 0 & \text{其他} \end{cases}$$

在这个游戏中，图像显示给一个输入关键词的人，这个关键词用来描述图像中的内容。两个人同时观察同一幅图像，并将他们输入的关键词进行比较。只有当关键词匹配时，他们才能获得积分作为奖励。某些词被规定为禁用词，以避免在没有太多信息的词上进行交流。

在输出一致性等同行一致性机制中，报告数据成为智能体之间的博弈，因为奖励既取决于提交数据的智能体的行为，也取决于其他同行智能体的行为。以前可以把每个智能体的策略选择看作自身的优化，现在不同智能体选择的最优策略是相互依赖的。

注意，在实际应用中，可能不希望将相同的任务分配给多个智能体，因为这会增加信息收集的成本。因此，同行报告常常从使用模型转换的相关任务的同行报告中获得。例如，对于污染测量，同行报告可以通过在收到的几个报告之间插入邻近位置的报告来构建。然而，分析这种插值的性质过于复杂，因此通常假设存在一个特定的同行智能体。

3.1.2 博弈论的分析

这种情况用博弈论进行分析，一般认为所选择的策略应该形成均衡：在没有其他智能体偏离均衡策略的情况下，没有任何智能体能够通过偏离均衡策略来提高预期收益。举个例子，如果使用奖励机制，当且仅当同行数据与随机同行智能体报告的数据相同时，才奖励数据，同时智能体共享相同的观察，如实报告这个观察是一种平衡：如果同行代理也是真实的，数据将会匹配，因此报告准确是最好的策略。

然而，当观察有噪声时，事情就变得更加复杂了：现在智能体不能确定同行智能体确实观察到了相同的信号，因此，即使它努力做到真实，它可能也不会报告相同的数据。例如，如果正在测量一个温度，并以1℃的精度报告它，很有可能同行将获得一个略有不同的测量结果，并报告一个不匹配的值。

然而，只要智能体相信同行智能体以与自己相同的方式度量，那么诚实的同行智能体报告的值最有可能与智能体所观察到的值相同。因此，有一个贝叶斯博弈，在这个博弈中，对于这个现象的值存在不确定性，并且智能体对于这个值的分布有一个共同的信念。博弈将至少存在一个贝叶斯-纳什均衡，如上面的论证所示，合作报告就是这样一个均衡。

更形式化，如第1章中定义的，令$p_i(x)$是智能体i对现象x的先验信念和$q_i(x)$是观察后的后验信念。当以无偏见的方式观察客观数据时，可以假设智能体的信念是自我支配的，如定义1.3所示。也就是说，智能体认为它的同行最有可能观察到与它相同的价值。

注意，这个条件不假设智能体信念的绝对强度，而只假设相对强度，它允许后验分布不同。

贝叶斯-纳什均衡的博弈论概念假设所有的智能体都有一个共同的先验信念，并且要求所有的后验信念也相同。但是，可以看到输出一致性机制并不需要这样严格的条件。因此，使用一个Witkowski和Parkes[19]提出的扩展的概念，即事后主观贝叶斯-纳什均衡。

定义3.1 如果一组策略$\underline{s}$为所有可接受的智能体信念组合形成贝叶斯-纳什均衡，那么这组策略是事后主观贝叶斯-纳什均衡（PSBNE）。

例如，可以将一个可接受的智能体信念定义为一个具有共同先验信念p的智能体信念，并且对后验信念的更新满足上述自我支配条件。然后可以证明：

定理3.2 对于自我支配的信念更新，机制3.1所示的输出一致性机制在合作式策略中具有严格的事后主观贝叶斯-纳什均衡。

证明很简单：假设它的同行智能体j采用合作式策略，观察x的智能体i认为，由于自我支配条件，j观察（和报告）的最可能值为x。因此，如果智能体i也采取合作式策略并报告x，则很有可能得到奖励。

看一下这个结果：现在有了一种机制，在广泛的条件下，它将确保理性智能体将尽可能准确地报告客观数据，即使永远无法验证它！技巧是让智能体参与到一个博弈中，在这个博弈中获胜的策略是协调它们报告的数据，它们都需要准确地测量现象来实现这种协调。它显示了涉及多个智能体的巨大潜力，但不幸的是也有一些副作用，将在下面看到。

当智能体的观察不完美，但根据付出的劳动，符合最小误差概率，中心需要对奖励进行足够的调整，使智能体尽全力。对于二元答案的任务，Liu 和 Chen[14]解决了如何确定输出一致性机制的最小报酬水平并使最大努力达到均衡的问题。由于分析涉及许多假设，非常复杂，所以不在这里详细讨论。

无信息均衡　博弈通常具有多重均衡。到目前为止所展示的是，由输出一致性机制引起的博弈均衡之一是采用合作式策略。然而，还有智能体采用启发式策略的均衡。特别是，在均衡中，无论观察到什么，每个智能体总是报告相同的值。更糟糕的是，这种均衡具有更高的收益：没有测量不确定性，通常也没有测量成本[16]。

启发式策略中的均衡称为无信息均衡，因为智能体在采用这些策略时，不向中心提供信息。

有几种方法可以避免这种均衡。在 ESP 游戏中，某些常见的词语是这种均衡的明显候选词，被认为是“禁用词”而不会产生任何结果。一般来说，如果所有报告都是一样的，那么可以惩罚智能体，从而消除这种均衡。但是，当机制可以使用多个同行报告时，有更巧妙的解决方案，将在本书的后面部分看到。

参数化机制　输出一致性是非参数机制，这意味着它不包含与智能体的信念相关的任何参数。不幸的是，这样的限制确实允许存在一般真实机制，下面的定理正式表示了这一机制。

定理 3.3　对于智能体信念的一般结构，不存在将合作报告作为严格的贝叶斯 - 纳什均衡的非参数机制。

这一结果最初是在一个非平凡信念[20]的背景下得出的，后来被证明即使个体有一个共同的信念也成立[34,36]。这显示了非参数机制的局限性：即使在一组相当有限的可能信念下，也不可能正确地引出私有信息，除非该机制对其参数中编码的智能体信念有一些了解。

定理的证明超出了本书的范围，但证明相当简单。如果一个非参数机制对一组智能体的信念能得到真实的响应，那么就存在另一组智能体的信念，而该机制不能提供适当的激励。也就是说，智能体的预期收益关键取决于它们的信念，因此，除非一个机制对智能体的信念有部分了解，否则它通常无法激励智能体如实报告。注意，如果智能体的信念满足随机相关性的性质，则不可能的结果将成立，即具有不同观测值的智能体在统计学上具有不同的后验信念（详见 Miller、Resnick 和 Zeckhauser 的研究[15]）。这说明得到的结果是非平凡的，因为在相同的假设下，可以用参数机制实现真实的启发式，如下面所述。

不可能的结果对于主观信念的引出尤其重要，在这种情况下，由于所引出信息类型的先验偏见，智能体的信念可能偏向于特定的观察结果。将在接下来的内容中看到如何建立真实的启发式，首先，需要已知智能体的信念和先验信念，但是智能体的后验信念受到信念更新规则的约束。正如 Frongillo 和 Witkowski[18]所述，后者可以使用不同的信念更新规则来实现，但是在本书中关注的是一个相对容易用最大似然原理解释的规则。

3.2 主观信息的同行一致性

现在考虑主观信息。回想一下，当每个智能体观察到来自同一个分布的不同样本时，主观信息就会出现，如图 3.1 所示。例如，回顾一下蓝星航空公司最近的经历，蓝星航空公司被广泛认为是提供最好空中服务的航空公司之一。不幸的是，有人体验并不好：飞机延误了好几个小时、乘客的行李丢了。

如果使用上面所述的输出一致性机制，理性的智能体将不会报告这种糟糕的服务：毕竟，众所周知，几乎每个人都受到了良好的服务，所以同行智能体不太可能匹配这种糟糕的体验。

问题是，认为同行智能体会报告出相同的数据不再合适，或者，更正式地说，智能体的信念将不再满足自我支配的条件。那么应该把这样的机制固定在哪里呢？

糟糕的经历如何影响智能体的信念？虽然她可能不认为这家航空公司很糟糕，但仍然可以预期，这家公司的一流形象已经有了瑕疵，至少在这位智能体的信念中是这样，而且在未来，这种糟糕服务出现的可能性比没出现之前更大。可以利用这一变化来构建激励机制，使合作策略达到最优。

主观任务的同行一致性机制的类型 使用 1.3 节中定义的信念和信念更新的特征。对于客观信息，证明了在智能体信念的自我支配条件下（定义 1.3），输出一致性能够诱导出真实的均衡，在这种情况下很少会违反此结果。对于主观信息，需要更多的限制条件。已知的机制是以下两个备选假设之一。

- 同质的智能体群体，具有相同的和已知的先验和后验信念。下面展示的同行预测机制就是一个例子。
- 常见和已知的先验信念，但只要满足定义 1.4 的自预测条件，信念更新就可能是异质的。下面将展示一个同行测真机（Peer Truth Serum，PTS）。

3.2.1 同行预测方法

在由 Miller、Resnick 和 Zeckhauser[15]引入的同行预测方法中，为每个观测值定义了反映这种变化的假设后验分布（见图 3.4）。

使用适当的评分规则计算奖励，如下：

1）答案x_i的每个值与假设的后验分布$\hat{q}(x)=\hat{\Pr}(x|x_i)$相关联。

2）$\hat{q}$偏斜以至于x_i比之前更有可能。

3）使用适当的评分规则对随机同行报告进行后验评分。

因此，智能体隐含地报告其后验概率分布（当然，假设平台假定的分布确实是其后验）。这允许回报后验信念发生微小变化。注意，只要假设的后验$\hat{q}(x)$是准确的，标准同行预测过程就允许私有信息x_i采用实数值，即$x_i \in \mathbf{R}$。也就是说，它等于智能体对观察的后验信念x_i。[⊖]

⊖ 在x_i连续时，$\hat{q}(x)$是概率密度函数。——原书注

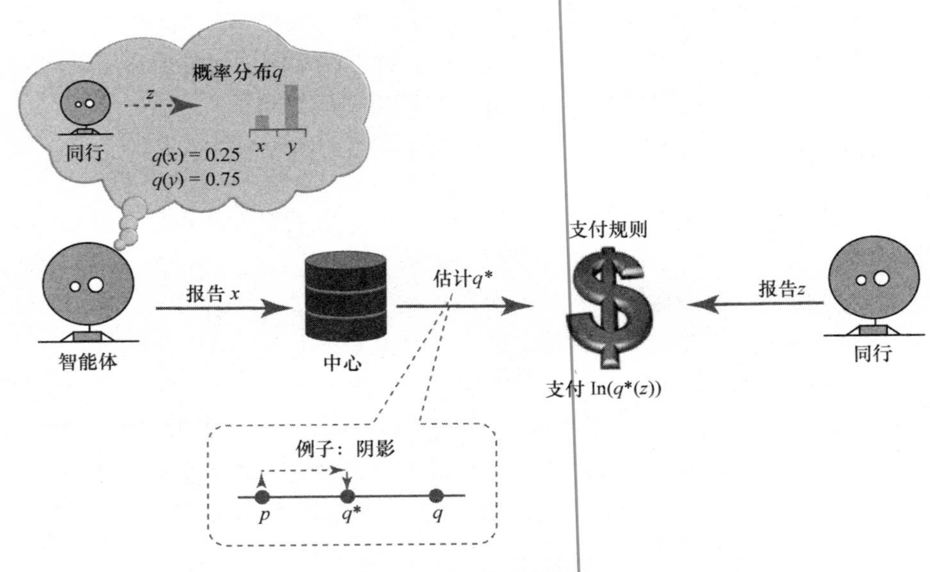

图 3.4　同行预测方法

下面看一下航空公司评论的例子。假设智能体报告好和坏两个值中的一个，并且它们共享一个共同的先验分布 p：

$$p(\text{好}) = 0.\overline{8}\ (= 0.8888888\cdots)$$

$$p(\text{坏}) = 0.\overline{1}\ (= 0.111111\cdots)$$

并使用混合更新式（1.1）和 $\delta = 0.1$ 构造每个答案的假定后验分布 $\hat{q}$：

观察	$\hat{q}$(好)	$\hat{q}$(坏)
先验	$0.\overline{8}$	$0.\overline{1}$
好	$q_g(g) = 0.8 + \delta = 0.9$	$q_g(b) = 0.1$
坏	$q_b(g) = 0.8$	$q_b(b) = 0.1 + \delta = 0.2$

支付函数 pay(x,y)是报告 x 和同行报告 y 的函数。假设使用二次评分规则：

$$2\hat{q}(x) - \sum_{x'} \hat{q}(x')^2$$

获得以下支付函数：

		同行报告	
		b	g
智能体报告	b	$S_b(b) = 2 \times 0.2 - 0.68 = -0.28$	$S_b(g) = 2 \times 0.8 - 0.68 = 0.92$
	g	$S_g(b) = 2 \times 0.1 - 0.82 = -0.62$	$S_g(g) = 2 \times 0.9 - 0.82 = 0.98$

可以检查观察到不良服务的智能体现在有理由如实地报告此事实。假设报告不良服务的后验是$\hat{q}_b(g)=0.8$：

$$E[\text{pay}(\text{"坏"})]=0.2\cdot\underbrace{\text{pay}(b,b)}_{=-0.28}+0.8\cdot\underbrace{\text{pay}(b,g)}_{=0.92}=0.68$$

$$E[\text{pay}(\text{"好"})]=0.2\cdot\underbrace{\text{pay}(g,b)}_{=-0.62}+0.8\cdot\underbrace{\text{pay}(g,g)}_{=0.98}=0.66$$

因此，已经使报告正确的值是有收益的，即使它不是最有可能的答案！

一般情况下，对于机制可以表示如下：

定理 3.4 机制 3.2 具有严格的贝叶斯 – 纳什均衡，其中所有智能体都使用合作式策略，前提是所有智能体都具有该机制中假定的共同信念和信念更新。

机制 3.2 同行预测

1. 中心给智能体a_i一个任务；a_i报告数据x_i。
2. 中心随机选择一个同行智能体a_j，该智能体也被赋予相同的任务并报告数据x_j。
3. 中心选择与报告x_i相关联的假定后验分布$\hat{q}_{x_i}$。
4. 中心支付智能体a_i奖励：

$$\text{pay}(x_i,x_j)=\text{SR}(\hat{q}_{x_i},x_j)$$

式中，SR 是一个合适的评分规则。

当使用正确的分布时，恰当的评分规则会产生最高的预期回报，而智能体影响该分布的唯一方法是尽可能准确地报告其所相信的值，这一事实直接证明了这一点。

对于根据先验分布随机报告的智能体，同行预测机制的收益是多少？这在很大程度上取决于假定的后端是如何构造的。

假设机制和智能体都使用式（1.1）中的贝叶斯更新计算后验分布，则二次评分规则得到报告 x 的期望报酬如下：

$$\begin{aligned}E[\text{pay}(x)] &= 2(p(x)(1-\delta)\delta)-\sum_y[p(y)(1-\delta)]^2+[p(y)(1-\delta)]^2-[p(x)(1-\delta)+\delta]^2\\ &= (1-\delta)^2\left(2p(x)-\sum_y p(y)^2\right)+\delta-\delta^2\end{aligned}$$

鉴于先验分布 P，给出预期的总报酬：

$$\begin{aligned}E[\text{pay}] &= \sum_x p(x)E[\text{pay}(x)] = (1-\delta)^2(2\sum_x p^2(x)-\sum_x p(x)^2)+\delta-\delta^2\\ &= (1-\delta)^2\sum_x p^2(x)+\delta-\delta^2\end{aligned}$$

小 δ 的比例与 $\lambda(P)=\sum_x p(x)^2$ 成正比。在上面的例子中，当 $n=2$、$\lambda(p)=0.80$、$\delta=0.1$时，可以得到 $E[\text{pay}]=0.738$。这就是要从报酬中减掉的值，以消除按先验报告的奖励。注意，对于接收到不良服务的智能体，无论报告的值是多少，最终方案的奖励总是显著负值。报酬的高易变性可能成为实际使用该方案的一大障碍。

对于对数记分规则，类似的推导表明小 δ 收敛到 $-H(P)$。

3.2.2 通过自动机制设计，提高同行预测能力

初始构造的同行预测采用适当的评分规则，是一个重大突破，但这个解决方案仍然有两个问题。第一个问题是，一般正确的评分规则会产生低效且不稳定的报酬。在上面的例子中，在支付 0.68 的情况下，真实的收益仅为 0.02，因此要覆盖 1 美元的测量成本，至少需要支付 34 美元，这对获取真相来说花费太高。

第二个问题是该机制具有其他更有利可图但无信息的均衡：总是报告“好”给出了更高预期收益 0.98。实际上，对任何基于两个报告的机制，有可能总会有无信息的均衡，其收益比报告真实值的要高[16]。

使用自动机制设计的技术可以解决这两个问题，将在下面展示。通过求解线性程序自动设计支付函数 $\mathrm{pay}(x,y)$ 的条目可以解决效率低下问题。该项目可以选择最小化预期支付的报酬。通过使用相同的线性程序自动设计技术，对多个同行报告的分布进行评分，可以避免无信息均衡的问题。

高效的付款 为了简化机制，假设对不一致的报告不付款。为确保合作式以及真实的策略形成均衡，需要找到 $\mathrm{pay}(g,g)$ 和 $\mathrm{pay}(b,b)$：

$$q(g,g)\mathrm{pay}(g,g) > q(b|g)\mathrm{pay}(b,b) + \epsilon_g$$

$$q(b,b)\mathrm{pay}(b,b) > q(g|b)\mathrm{pay}(g,g) + \epsilon_b$$

式中，ϵ_g 和 ϵ_b 是希望得到的报告“好”或“坏”所获奖励的最小差异，假设只支付与同行一致的报告（即 $\mathrm{pay}(g,b) = \mathrm{pay}(b,g) = 0$）。

在这个例子中，假设 $\epsilon_g = \epsilon_b = 0.1$：

$$0.9\mathrm{pay}(g,g) > 0.1\mathrm{pay}(b,b) + 0.1$$

$$0.2\mathrm{pay}(b,b) > 0.8\mathrm{pay}(g,g) + 0.1$$

图 3.5 中，这些约束定义了可行的支付空间。

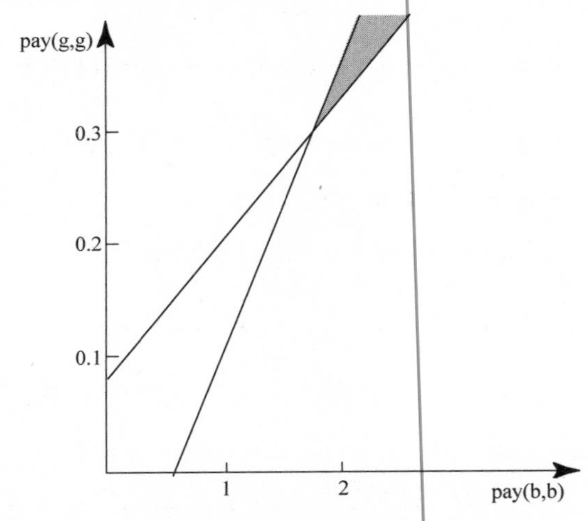

图 3.5 用于确定支持真实均衡的最佳支付的线性规划

优化函数是最小化预期支出，假设数据分布符合先验分布：

$$\text{Minimize } p(g)q(g|g)\text{pay}(g,g)+p(b)q(b|b)\text{pay}(b,b)=0.8\text{pay}(g,g)+0.0\overline{2}\text{pay}(b,b)$$

因此，获得图3.5中可行区域下角的支付解决方案：

$$\text{pay}(g,g)=0.3$$
$$\text{pay}(b,b)=1.7$$

预期报酬是$0.2\overline{7}$，其中报告真实的总是比报告不真实的要好0.1的边界值。因此，为了补偿1美元的测量成本，需要支付至少2.78美元，这对于保证质量来讲意义并不大。

无信息均衡 刚刚构建的机制有三个纯策略均衡：

1）真实的：预期报酬 $=0.2\overline{7}$；

2）总是报告“好”：预期报酬 $=0.3$；

3）总是报告“坏”：预期报酬 $=1.7$。

很明显，智能体宁愿总是报告“坏”，让中心没有真实值的信息。现在不仅仅考虑一个报告，而是考虑几个。例如，可以使用3个参考报告并计算其中“好”的数量。因此，获得以下8种情况及其相关概率：

Pr（|peer = g| | o）	0	1	2	3
o = b	0.008	0.096	0.384	0.512
o = g	0.001	0.027	0.243	0.729

必须为每种情况定义一个支付，这样当观察值o为“好”时，报告好的预期值就超过报告坏的预期值，反之亦然。再加上最小化期望支付的目标函数，这又定义了一个线性规划来设计该机制。不过，可以添加额外的约束。在这种情况下，为了消除无信息的纯策略均衡，可以简单地将相应的奖励（对于所有“坏”或所有“好”报告）强制为零，并强制为偏离这种情况的小的正奖励ϵ。从而得到如下支付函数：

pay（r，|peer = g|）	0	1	2	3
r = b	0	10	0	ϵ
r = g	ϵ	0	2	0

这里可注意到，讲真话是一种严格的均衡：

$$o=\text{坏}:E[\text{pay}(\text{"坏"})]=0.96>E[\text{pay}(\text{"好"})]=0.768$$
$$o=\text{好}:E[\text{pay}(\text{"坏"})]=0.27<E[\text{pay}(\text{"好"})]=0.468$$

但全“好”或全“坏”不是严格的或弱的均衡。

Kong、Ligett和Schoenebeck[17]展示了如何修改评分规则，以确保真实均衡不仅在纯策略（如上面的结构中假设）中，而且在混合策略中具有最高的回报。这种结构更加复杂，因此不在此详细描述。

3.2.3 同行预测机制的几何特征

Frongillo和Witkowski[18]发现了同行预测机制的任何真实支付规则与相应的适当评分规

则之间存在唯一的映射。因此，即便使用自动机制设计的机制，也可以理解成它是从适当的评分规则中派生而来的，方法与原始的同行预测机制相同。

这个构造是基于考虑报告值 x 的期望报酬：

$$E[\mathrm{pay}(x) \mid o] = \sum_{y} q(y \mid o)\tau(x,y)$$

作为后验分布 $q(x|o)$ 的函数。对于每个可能的后验分布 $q(x|o)$，值 x 给出了最高的期望奖励，并且理性智能体会报告这个值。

现在可以思考一下，如果所有可能的后验分布的空间被分割成更小的空间单元，其中一个特定的值是最优报告，结果显示，由于期望的线性，这种划分是幂图（power diagram）的划法。这些单元由报酬向量定义的 n 个点$\underline{v}^x$周围的区域 $(\tau(x,x_1),\tau(x,x_2),\cdots,\tau(x,x_n))$ 定义，这些区域由报告值 x 时获得的报酬向量定义。请注意，报告 x 的预期报酬：

$$E[\mathrm{pay}(x)] = \underline{q} \cdot \underline{v}^x$$

当$\underline{q} = \frac{1}{\sqrt{w(x)}}\underline{v}^x$时最大，其中 $w(x) = \| \underline{v}^x \|$。如果存在非空的后验分布集，其中报告 x 产生最优报酬，则该分布是其中之一。此外，由于报酬函数的线性，同样适用于称为与v^x相关联的单元的类似后验分布的邻域。Frongillo 和 Witkowski [18]表明这个单元的特征是分布 u 使得v^x具有最低的幂距离（power distance）：

$$\| u - v^x \|^2 - w(x)$$

图 3.6 展示了先前显示的好和坏的例子结构，以及使用自动机制设计得出的支付规则。有两个值：g(ood) 和 b(ad)，因此图有两个维度（$q(\mathrm{g})$，$q(\mathrm{b})$）表示智能体可能的后验信念。然而，由于点形成概率分布，因此空间实际上仅具有一个维度，表示好的概率，并且分布被描述为 $q=(\phi,1-\phi)$。这个空间显示为粗线。站点是$v^{\mathrm{b}}=(0,\ 1.7)$ 和$v^{\mathrm{g}}=(0.3,\ 0)$，与权重为 $w(\mathrm{g})=0.3^2$的点"g"的幂距离为

$$(\phi-0.3)^2+(1-\phi)^2+0.3^2=2\phi^2-2.6\phi+1$$

而权重为 $w(\mathrm{b})=1.7^2$的点"b"的幂距离为

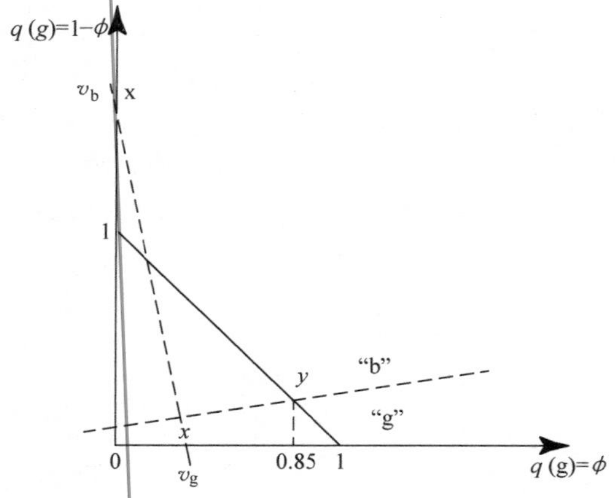

图 3.6 示例的幂图构造

$$(\phi)^2+(1-\phi-1.7)^2-1.7^2=2\phi^2+1.4\phi-2.4$$

对于直线上任意可能的智能体后验信念 q，具有最小幂距离的点能够给出更高预期收益的值。与v^{g}、v^{b}线段垂直并通过点 $y(0.85,\ 0.15)$ 的直线上的所有点，两个距离都相等，如图 3.6 中的虚线所示。这条线形成两个单元格，它们在允许的分布线上的投影分出区间 $\phi\in[0,\ 0.85)$，其中"b"的回报更好，以及区间 $\phi\in[0.85,\ 1)$，其中"g"的回报更好。幂图的构造可以在更高维空间中执行，因此能够处理具有两个以上值的场景。

幂图构造中的关键点是所有单元边界相交的点 y。对于与 y 一致的后验分布，该机制对

所有值都给出了相等的奖励。理想情况下，这应该是先验分布，这种情况下不努力观察现象的智能体就不会有获得报酬的策略。

Frongillo 和 Witkowski [18]提出，任何同行预测机制都可以通过这样的幂图来表征，还提出可以利用这种关系来设计这样的机制。这是对它们的过程进行略微修改后的版本，其将估计的先验概率分布 y 作为输入，并且确保该机制对于该分布是矛盾的。

1）从假设智能体根据观察结果形成其后验信念开始，可以推断出幂图中单元格的形状，其中它来自特定的观察——在该示例中，假设智能体增加了后验概率。它们观察到的值导致了0.85的先验概率的分隔。此外，先验概率分布定义了中心点$\underline{y}$ = （0.15，0.85）。

2）在其中一个单元格中选择一个任意点，比如值x_1，作为此单元格的点v_1。在这个例子中，可以选择 b 和v_b = （1.7，0）。该点为智能体报告x_1确定了临时的报酬规则：坐标确定可能的各同行报告的报酬。

3）为相邻单元格选择一个点，例如x_2，这样差异就是垂直于它们之间的单元格边界的向量$\underline{u}$，其特征在于条件$\underline{u} \cdot \underline{y} = 0$。在这个例子中，向量（-0.85，0.15）满足这样的条件，所以可以选择v_g = （0，0.3）。

4）迭代：选择一个值为x_k的相邻单元格，并选择它的位置位于通过已选择的点的行的交叉点上，并且垂直于各个单元格之间的边界（有关详细信息，请参阅 Frongillo 和 Witkowski 的研究[18]）。在示例中，没有其他值，因此不必再找到其他点。

5）设置权重：所有点必须具有与中心点 y 相等的幂距离，因此可能必须调整点的权重。在该示例中，这不是必需的，因为已经选择点来满足该条件。

对应于该坐标的报酬规则给出该机制点。通常，应重新调整它们以优化预算或其他约束，并确保根据先前的报告给出预期的零奖励。

3.3 共同的先验机制

3.3.1 阴影机制

显然，同行预测方法的一个很大的缺点是它需要机制设计者知道由智能体为每个不同的观察形成的确切的后验分布。更糟糕的是，由于同一个机制必须适用于所有智能体，这些分配对于参与该机制的每个智能体都必须相同！如此严格的条件不太可能成立，因此应该寻找一种方法来弱化这些条件。

在大多数情况下，对观察来说很重要的一点是，假定智能体在观察现象之前有共同的先验信念，在实际中是相当合理的。例如，之前对产品质量的信念可以通过目前发表的评论合理地形成，之前对温度的信念将是历史平均水平，可以认为所有众包任务的答案可能是相同的。此外，实际上，中心可能知道这个先验的合理精度。

然而，智能体在形成它们的后验信念的方式上有很大的不同：它们对自己的观察有不同的信念值、它们的观察可能不同等。Witkowski 和 Parkes[19]观察到，当构建假设后验分布时，δ 的确切值并不重要（对于两个值和二次计分规则）：只要智能体在观察“坏”时，增加 q（坏）并超过先验值，对于满足分布的一些良构性约束的任何 $\delta > 0$，预期奖励 E [pay

“坏”] 严格大于 E [pay “好”]。

因此，它们能够证明，通过这种阴影来构建假设的后验，即使智能体的后验信念不同，也可以使同行预测原则发挥作用。然而，它们在贝叶斯测真机的背景下使用了这一观察结果(见第4章)。该结构的第一个版本仅适用于二进制信号。

使用上面展示的幂图的结构清楚地表明，这种观察将更普遍地表达：只要智能体的后验信念落入正确的单元格中，相同的机制就是真实的。此外，当它们的后验信念是通过增量更新（例如来自先前信念的阴影）得出的时，单元格的中心点将对应于共同的先验信念。

3.3.2 同行测真机

可以进一步研究阴影思想，完全绕过后验分布的显式构造，只依赖于共同先验的存在。这将给人们一个简单的机制，适用于任何数量的值，称为同行测真机。

在构造中，以略微不同的方式应用阴影概念，而不是通过 δ 线性增加或者减少观测值的概率。考虑从公共先验 p 引入的式（1.1）中的频率信念更新，观察值x_i：

$$\hat{q}(x_j)=p(x_i)+(1-p(x_i))\cdot\delta=\delta+p(x_i)\cdot(1-\delta)$$

$$\hat{q}(x_j)=p(x_j)\cdot(1-\delta),\text{对于 } x_j\neq x_i$$

所以$\hat{q}$相对于参数 δ 的导数如下：

$$\frac{\mathrm{d}\,\hat{q}(x)}{\mathrm{d}\delta}=\begin{cases}1-p(x) & x=x_i\\ -p(x) & x=x_j\neq x_i\end{cases}=\mathbf{1}_{x=x_i}-p(x)$$

这里的构造将使用对数评分规则：

$$\mathrm{LSR}(\underline{q},g)=C+\ln q(g)$$

在假设 $C=0$ 的情况下，根据假定的后验信念对同行报告x_p进行评分：

$$\mathrm{LSR}(\hat{\underline{q}},x_p)=\ln\hat{q}(x_p)$$

或者，也可以将假设的后验信念解释为中心根据x_i更新后获得的模型。频繁更新将与维护直方图的内容相对应。

这里不是明确地应用评分规则，而是使用它的泰勒展开相对于 δ 的近似值，以更新的模型$\hat{\underline{q}}$与先前的$\underline{p}$相比改进同行报告的预测结果。

日志评分规则的衍生物是

$$\frac{\partial\mathrm{LSR}(\underline{p},x_p)}{\partial p(x)}=\begin{cases}1/p(x) & x=x_p\\ 0 & x\neq x_p\end{cases}$$

因此，应用于假设分布的对数评分规则的泰勒展开如下。由于希望根据先验分布$\underline{p}$的随机报告等于0，因此将其作为扩展的起点。然后，可以将同行报告x_p的报酬写为

$$\mathrm{LSR}(\hat{\underline{q}},x_p)-\mathrm{LSR}(\underline{p},x_p)\approx\delta\cdot\frac{\mathrm{dLSR}(\hat{\underline{q}},x_p)}{\mathrm{d}\delta}$$

$$=\delta\sum_z\frac{\partial\mathrm{LSR}(\hat{\underline{q}},x_p)}{\partial\,\hat{q}(z)}\frac{\mathrm{d}\,\hat{q}(z)}{\mathrm{d}\delta}$$

$$= \delta \sum_z \left(\frac{\mathbf{1}_{z=x_p}}{p(z)}\right)(\mathbf{1}_{z=x_i} - p(z))$$

$$= \delta\left(\sum_z \frac{\mathbf{1}_{z=x_i} \cdot \mathbf{1}_{z=x_p}}{p(z)} - \sum_z \mathbf{1}_{z=x_p} \frac{p(z)}{p(z)}\right)$$

$$= \delta\left(\frac{\mathbf{1}_{x=x_p}}{p(x)} - 1\right)$$

因此获得在 δ 上的线性表达式，事实上 δ 就变成了一个比例因子，实际上它只是变成了一个不影响智能体鼓励合作行为的定性特征的调节因子！

因此，获得了机制 3.3 中显示的同行测真机。它的主要参数是中心已知的分布 R、奖励报告x_i和同行报告x_p以及

$$\text{pay}(x_i, x_p) = \frac{\mathbf{1}_{x_i=x_p}}{r(x_i)} - 1 \tag{3.1}$$

机制 3.3　同行测真机（PTS）

1. 中心通知先验分布为 R 的所有智能体。
2. 智能体a_i执行任务并观察值 o；a_i报告数据x_i。
3. 中心随机选择已经被分配相同任务并报告数据x_j的同行智能体a_j。
4. 中心支付智能体a_i奖励：

$$\text{pay}(x_i, x_p) = \frac{\mathbf{1}_{x_i=x_p}}{r(x_i)} - 1$$

可以看到，通过构造这种支付方案，使报告智能体与中心的模型学习过程之间的激励机制保持一致。在何种条件下，该方案能导出真实的合作式策略？首先智能体先验 $P=R$，写出激励相容条件：

$$E_{Q(x|x_i)}[\text{pay}(x_i, x)] = q(x_i|x_i) \cdot \text{pay}(x_i, x_i) = q(x_i|x_i)/r(x_i)$$
$$> E_{Q(x|x_i)}[\text{pay}(x_j, x)] = q(x_j|x_i) \cdot \text{pay}(x_j, x_i) = q(x_j|x_i)/r(x_j)$$

注意，当 $R=P$ 时，这转化为式（1.3）中引入的自预测条件：

$$\frac{q(x_i|x_i)}{p(x_i)} > \frac{q(x_j|x_i)}{p(x_j)}, i \neq j$$

或者，等价地，x_i必须是最大似然估计：

$$q(x_i|x_i) > q(x_j|x_i), i \neq j$$

将可接受的信念定义为满足自预测条件的公共先验信念和信念更新，可以证明以下定理。

定理 3.5　对于自预测的信念更新，机制 3.3 所示的同行测真机具有严格的事后主观贝叶斯－纳什均衡，所有智能体如实报告。

证明很简单，已经证明了自预测条件是真实报告成为 PTS 机制中最佳反应策略的充分条件。注意，例如当智能体根据式（1.1）使用频率信念更新时满足自预测条件，但是当使用

混合更新（可以由基于二次评分规则的替代版本处理，如下所示）时，就不满足自预测条件。

显然，智能体的信念可以在不同程度上满足这一条件，并反映出信心。将智能体的信心表示为

$$\gamma_a(x_i)=\frac{q(x_i|x_i)}{p(x_i)}-1$$

给定报酬函数式（3.1），并且假设 $P=R$，具有报告x_i的合作式策略的智能体的预期收益恰好等于其预期置信度$\gamma_a(x_i)$：

$$E[\text{pay}] = E[\gamma_a] = \sum_{x_i} p(x_i)\,\gamma_a(x_i)$$

因此，报酬相对置信度呈线性增长，PTS 方案激励智能体投入工作量提高数据的置信度。另一个观察与测量的粒度有关。由于期望信心受后验概率不能超过 1，所以观察一个值少或偏态先验分布的现象，比一个值多且先验分布均匀的现象获得奖励的可能性更低。这对于激励智能体观察更复杂的现象很重要（见第 8 章）。这里的分析做出了简化假设，即 $R=P$，见 Faltings 等人[22]对于没有这个假设的完整分析。

这里进一步将智能体的自预测器定义为最小的 Δ_a，以使

$$\Delta_a\left(\frac{q(x_i|x_i)}{p(x_i)}-1\right)>\frac{q(x_j|x_i)}{p(x_j)}-1,\ \forall x_i,x_j,x_i\neq x_j \tag{3.2}$$

式中，Δ_a是［0，…，1］的数。

Δ_a的大小用来标识特征值与另一个特征值的相关性。如果它们是绝对的，也就是说，没有一个值与另一个值正相关，Δ_a的值为0。相反，如果有一对值是完全相关的（因此无法区分），Δ_a的值为1。$1-\Delta_a$可以来形容机制的效率。它等于真实报告的预期报酬的一部分。自预测因数在 PTS 的变体属性中也很重要，PTS 是用于众包的同行测真机，将在第 5 章中介绍。

这里还注意到，从对数评分中得出的 PTS 机制也可以用于导出其他评分规则。考虑类似上面所示的二次评分规则的推导。因此考虑报酬函数：

$$\text{pay}(\underline{p},x_p) = 2p(x_p) - \sum_y p(y)^2$$

导数：

$$\frac{\partial \text{pay}(\underline{p},x_p)}{\partial p(x)} = -2p(x) + \begin{cases}2 & x=x_p\\ 0 & x\neq x_p\end{cases} = 2(\mathbf{1}_{x=x_p}-p(x))$$

先验分布$\underline{p}$的泰勒展开式为

$$\begin{aligned}\text{QSR}(\hat{q},x_p) - \text{QSR}(\underline{p},x_p) &\simeq \delta\cdot\frac{\mathrm{d}\text{pay}(\hat{q},x_i)}{\mathrm{d}\delta}\\ &= \delta\sum_z \frac{\partial \text{pay}(\underline{p},x_i)}{\partial p(z)}\frac{\mathrm{d}\,\hat{q}(z)}{\mathrm{d}\delta}\\ &= 2\delta\sum_z(\mathbf{1}_{z=x_p}-p(z))(\mathbf{1}_{z=x_i}-p(x_i))\end{aligned}$$

$$= 2\delta\Big(\sum_{z} \mathbf{1}_{z=x_i}\mathbf{1}_{z=x_p} - p(x_i)\underbrace{\sum_{z}\mathbf{1}_{z=x_p}}_{=1} - \sum_{z}\mathbf{1}_{z=x_i}p(z) + p(x_i)\underbrace{\sum_{z}p(z)}_{=1}\Big)$$

$$= 2\delta(\mathbf{1}_{x_i=x_p} - p(x_i))$$

这个支付规则在自预测条件的一个稍微不同的版本下是激励相容的：

$$q(x_i \mid x_i) - p(x_i) > q(x_j \mid x_i) - p(x_j)$$

这与对数评分规则的最大似然条件是不可比拟的，但在某些情况下可能更适用。注意，当智能体根据式（1.1）中给出的单个值的贝叶斯更新来更新它们的信念时，它是满足的，但并不总是满足式（1.4）中的贝叶斯更新。

同样，对于任何适当的评分规则都可以进行类似的推导，尽管它们可能并不总是得到简单的奖励表达式。

有用的报告 如果中心假设的 R 与智能体的先验分布 P 不同会发生什么？

当中心几乎没有要引出的数据的信息时，它可能不太清楚收集信息的智能体的先验分布，因此支付规则中使用的 R 可能与智能体的 P（P 是智能体的常见的先验分布）不同，所以不鼓励真实的报告。

然而，在这种情况下，假设每当 P^* 低于或高于估计 R 时（称为公布的属性），则智能体的先验 P 超过/低于估计 R 将是合理的。

定义 3.6 概率分布 P 是关于分布 R 和真实的分布P^*的，当且仅当所有值为 x,$(r(x) - p^*(x))(r(x) - p(x)) \geqslant 0$。

在这种情况下，智能体将值划分为两组：

- 低于报告值，用$r(x) < p(x)$表示：由于信息性，对于这些值也有 $r(x) < p^*(x)$；
- 高于报告值，用 $r(x) \geqslant p(x)$表示：信息性隐含了 $r(x) \geqslant p^*(x)$。

这种划分对于所有的智能体都是一样的，因为有共同的先验信念。

如果智能体采用不真实的策略，报告了值 x 而不是 y，可能会发现以下两种情况之一：

- 如果 x 被低估或 y 被高估，该策略可能是有盈利的，因为中心对 x 会低估正确奖励，而对 y 会高估；
- 如果 x 被高估而 y 被低估，永远没有盈利，因为智能体对错误报告，会期望一个较少的奖励。

因此，对有先验分布 R 的智能体，会采用一个有用的报告策略，定义如下[20]。

定义 3.7 如果报告策略相对低估的值 y，从来没有报告过高估的值 x，那么它是有用的。

将在第8章中说明，当中心使用贝叶斯频率论更新模型［式（1.1）］来更新分布 R 时，这种有用的报告保证了一种称为渐近精度的属性。

同行测真机的性质 这里展示一些有趣的同行测真机的性质。首先，它是独特的：任何只以自预测条件激励真实报告的报酬函数，必须具有形式 $f = 1/p(x_i) + g(-x_i)$，其中 $g(-x_i)$是独立于报告x_i的函数。由于这种唯一性，也可以表明它是最大化的，削弱任何假设将使真实的激励机制变得不可能。

特别地，下面的定理成立。

定理 3.8 对于智能体信念的一般结构，不存在一种将真实报告作为严格的事后主观贝叶斯－纳什均衡的渐进精确机制。

这种不可能性的要点是不能平凡地松弛自预测的条件。注意，定理 3.8 直接服从定理 3.3，因为现在允许机制依赖参数。

最后，同行测真机激励优化的信息收集：当损失函数为对数评分规则时，将激励智能体以最大程度降低中心构造的损失函数的方式来报告。将在第 8 章中更详细地讨论这个问题。

其他均衡 如在输出协议机制中，合作式真实的策略并不是唯一的均衡。事实上，很容易发现，在同行测真机中，具有最高可能回报的均衡，是所有智能体用最小的 $r(x)$ 报告 x。这将导致一种一致性，统一分布最终将使任何策略的回报都减少到 0，但难以发现这个特性来消除它。然而，如果被大量的智能体使用，则很容易检测到它，因为可以观察到许多智能体同时报告相同的不太可能的值，而且这个值在不同的时间间隔内是不同的。因此，可以采用与 ESP 游戏类似的解决方案：当检测到无信息均衡时惩罚所有智能体。

消除这种可能性的一个更巧妙的解决方案是不公开 R 分布，而是从多个答案中得到它。将在第 5 章中展示这种机制。

3.4 应用

下面介绍文献中的同行预测和同行测真机的几种应用。强调一下，它们大多数是仿真的。唯一真实的用于数据采集的群体应用是 Amazon Mechanical Turk 这样的人工平台，通常缺乏激励机制。

3.4.1 自我监控的同行预测

服务提供商（如互联网接入、移动电话服务或云计算服务）根据服务水平协议（SLA）运营。这些协议规定了对服务质量不足的处罚。然而，监视和证明质量不足花费很大，而且实际上这些由用户自己来完成最好。但是，不满足 SLA 的条件时，用户可以要求退款或其他处罚，因此他们自然不会好好地报告差的服务。

在这里，可以使用同行一致性的思想，使如实报告真实的服务质量成为最佳的策略[21]，从而允许自我监控。显然，这种机制容易出现无信息均衡，智能体报告服务差，并且只有在假设同时报告服务差的团体的大小可以被限制的情况下才会起作用。例如，当智能体必须报告它们在很多时间点收到的服务的更多细节时，就可能出现这种情况，因为有许多无信息均衡，智能体们将难以协调。该机制适用于偶尔出现的中断，以及大部分智能体收到的服务很差的情况，不需要报告，很容易通过其他方法检测到。

例如，考虑一个 Web 服务提供者，向同一类用户群提供数据服务（例如天气预报）。假设服务有两个质量参数：

- Q_1（0/1）：是否在规定的响应时间内收到响应；
- Q_2（0/1）：提供的信息是否正确。

此外，假设服务提供者为提供服务而付出的成本是每个报告 1 美元，如果报告质量差，每个用户获得的退款为 0.01 美元，对于任意数量的报告，用户错误报告的同期成本为 10

美元。

可以根据同行预测设计激励措施，以平衡错报的激励（0.01 美元）。假设 2 个质量指标 Q_1 和 Q_2 的先验概率分布对于“1”（好）为 0.9，而对于“0”（差）为 0.1，并且后验概率变化在 20% 以内：

$$\hat{q}(1|1)=0.92$$
$$\hat{q}(1|0)=0.88$$
$$\hat{q}(0|0)=0.12$$
$$\hat{q}(0|1)=0.08$$

那么激励的预期成本如图 3.7 所示。但是，如果有一些智能体的报告绝对可靠，并且可以作为同行用于消除无信息均衡，则成本可以大大降低。

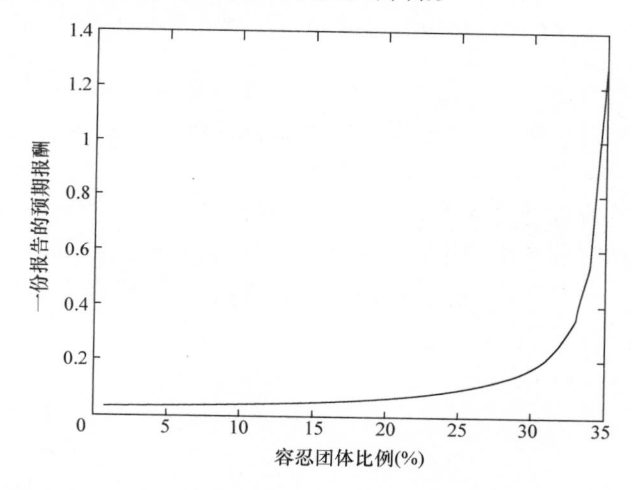

图 3.7　使用同行预测监测成本，作为共谋智能体的最大比例的函数

3.4.2　同行测真机应用于群智传感

Faltings 等人[22]评估了同行测真机在群智传感应用中的性能。研究表明，在不需要任何真实数据的情况下，可以通过同行一致性来激励智能体。

这里的一个主要挑战是，该机制需要同行报告，但从来没有多个传感器在完全相同的位置进行测量。因此，需要使用一个接近同行的传感器——一个简单的解决方案，但是不能期望数据完全一致——或者使用一个污染模型，根据在同一时间段内进入模型的所有同行报告来预测同行应该观察到的数据。这允许应用同行测真机奖励传感器所有者以最精确的方式操作传感器的成本，如 FalTeet 等[22]所述。

这基于环境科学家为法国斯特拉斯堡市构建的 NO_2 仿真模型（见图 3.8）。测量值被离散为三个值。该模型基于高质量传感器四周的测量数据，并使用数值污染传播模型对其他仿真传感器进行插值。

基于这些数据的仿真已经被用来评估同行测真机（以及本书后面展示的其他技术）。在

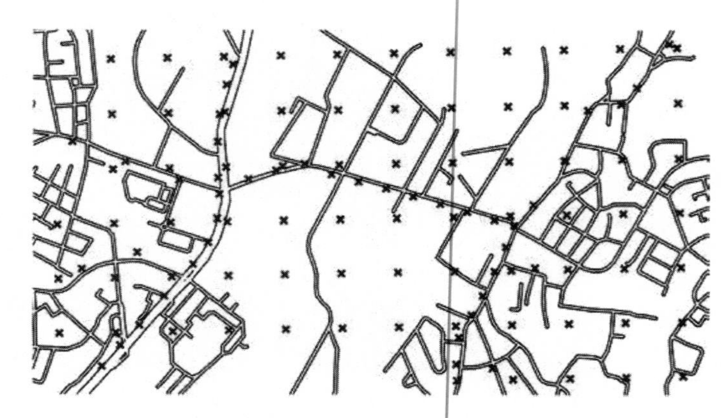

图 3.8　斯特拉斯堡市的污染模型。十字表示 116 个传感器的位置。由 Jason Li 提供

仿真中，智能体按照数据集中给定的值观察不同程度的噪声。该中心根据目前获得的其他数据，采用高斯过程回归法，推导出智能体报告数据点的参考测量值。该设置允许仿真不同的智能体策略，并量化它们对中心学习的模型的影响。

第一个问题是，在存在测量噪声的情况下，博弈论的性质是否成立，这对于低成本的传感器来说是相当重要的。图 3.9 显示了作为噪声水平函数的三种不同策略的性能。菱形点曲线显示总是真实报告（噪声）仿真测量时的平均奖励，并与根据先验分布随机报告的策略、总是报告可能的最低值进行对比。

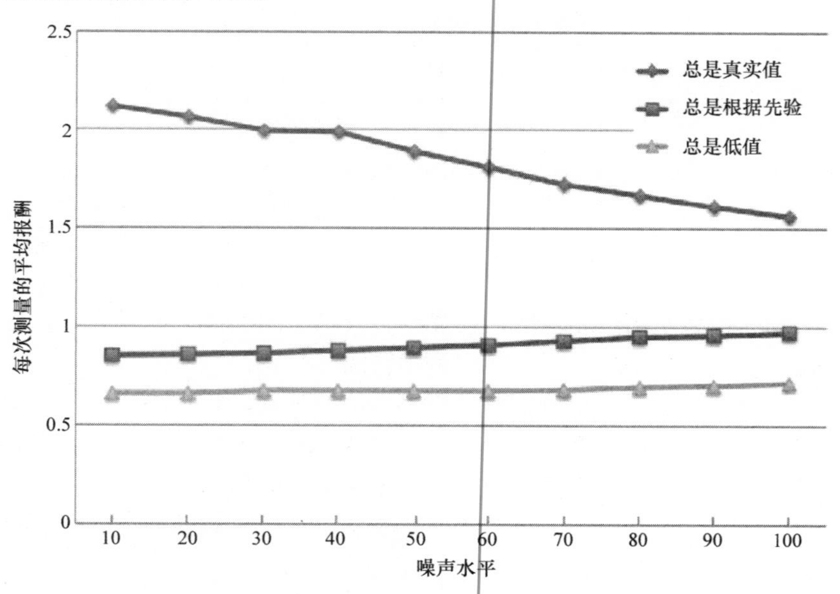

图 3.9　不同策略的奖励作为测量噪声的函数（标准差作为平均值的百分比）。由 Jason Li 提供

另一个有趣的问题是，激励机制是否鼓励智能体将传感器放置在更有利于观察的位置。给出的奖励计划如果是支持与其他人达成一致，智能体就会通过选择测量值很确定的位置，

来减少和同行不一致的风险。例如，当根据适当的评分规则奖励测量值时，可以观察到这一点（见第2章）。如图3.10所示，同行测真机倾向于鼓励测量具有较高不确定性的位置，即使这不是设计目标。

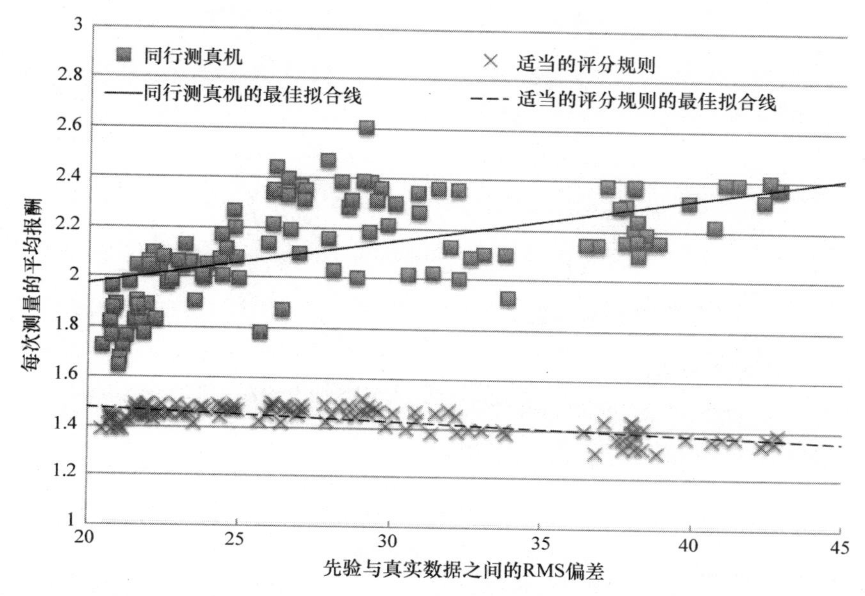

图3.10　期望报酬作为测量不确定性的函数，表示为污染模型给出的先验分布与实际值之间的RMS偏差。由Jason Li提供

同行测真机的一个主要问题毫无疑问是该方案是否对无信息均衡比较脆弱，在这种情况下，智能体共谋报告要么总是相同的值，要么是 $r(x)$ 最小的值，从而获得最高的报酬。由于信息被聚合到高斯模型中，因此共谋策略有些复杂。

图3.11显示了几种不同策略的平均回报，智能体们明显联合起来，共谋报告当前最不太可能的值，这是最有利润的无信息均衡。可以看到，总是报告最低值或根据先验分布报告的策略没什么意思。当共谋联合的规模在60%以下时，真实策略保持最佳，这意味着该计划实际上是相当稳健的。当共谋联合低于40%时，更是如此，几乎没有回报，因此很难促使智能体加入。

3.4.3　Swissnoise中的同行测真机

为了了解公共预测市场的设计和行为，Garcin和Faltings[55]建立了一个名为Swissnoise的公共平台。该项目于2013年春季至2015年夏季在EPFL运营，参与者多达300人，允许对当前公众感兴趣的问题进行预测，问题通常由参与者自己提出。预测市场使用代币，采用对数记分规则。每个参与者累积的代币显示在排行榜上，每周给利润最高的参与者颁发一张小礼品券。

在运营期间，Swissnoise处理了230多个问题，完成了19700次交易操作。问题各式各样，包括：

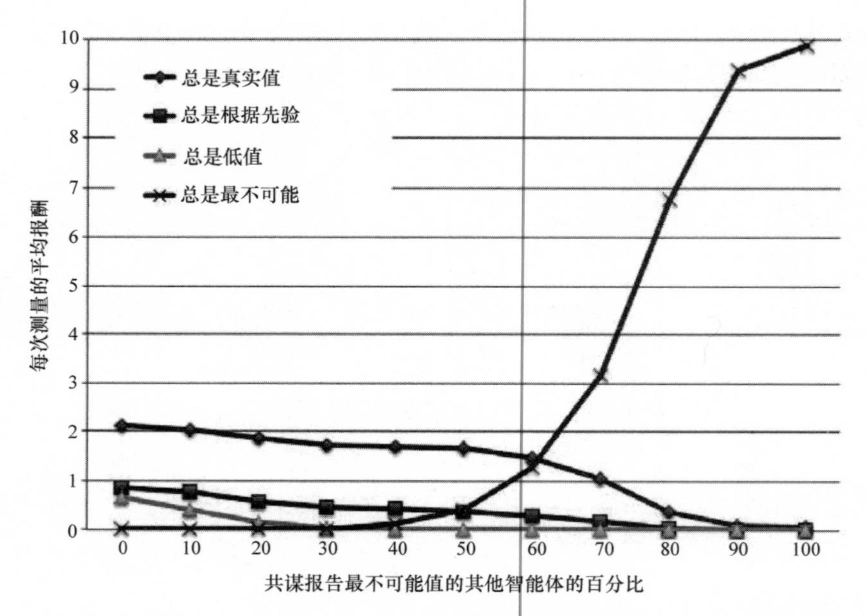

图 3.11　不同共谋策略的平均报酬，作为采用无信息策略的智能体比例的函数。由 Jason Li 提供

- 体育赛事，如 2014 年 FIFA 足球世界杯；
- 政治事件，如 2014 年苏格兰独立公投的结果，以及瑞士多次公投的结果；
- 技术里程碑，例如中国第一艘登月车何时到达月球；
- 与 EPFL 校园有关的当地活动，比如当地的杂货店是否会关门。

在第 6 章中，描述了本书的设计，以及关于 Swissnoise [55] 中的经典预测市场设计的经验。这里展示了如何在这个平台中实现一种新颖的同行预测技术，这使人们能够比较这两种方法。

经典预测市场的一个主要缺点，是要求所提供的信息最终能够与公开可验证的结果联系起来，以便奖券能够兑付。这严重限制了该技术的适用性：例如，不可能引出有关假设行为的问题，例如“在 X 和 Y 站之间成功开辟新公交线路的原因是什么?”或者“对仍留在欧盟的 X 国进行全民公决的结果是什么?”这时候行动实际上还没有计划。不过，想要预测的许多问题都是这样的。可以使用同行一致性来创建信息永远不需要验证的预测平台：给予奖励的依据是和其他预测的一致性。

经典的预测市场很容易理解，因为可以和证券交易类比。采用同行一致性原则的最主要的挑战是找到相似的类比物（见图 3.12）。Swissnoise 引入了一个类似于彩票的例子，在这个例子中，智能体可以针对某个预测结果和日期买彩票（见图 3.13）。一天结束的时候，那天买的所有彩票都投进奖池，然后开奖。对于每一张票，从其余的所有票中随机抽出一张，并将 PTS 机制应用于两个结果，其中分布 R 取自那天有效的预测。然后，那天买的所有彩票和之前的彩票合并，得到不同结果的最新预测分布。

在同行一致性机制的博弈论分析中，假定智能体是风险中性的，即它们对很不确定的奖

第4章 非参数机制：多份报告

了解智能体的信念 正如所看到的，鼓励智能体保持真实性的激励措施与他们的信念以及他们受观测影响的方式紧密相关。因此，在第3章中看到的机制都具有将智能体信念作为参数的特征。

然后，有两个原因使得这是不可行的：首先，中心很难正确猜测出这些参数；其次，由于同样的机制统一应用于大量的智能体，他们的信念必须非常统一。

因此，不需要已知这些信念的机制是更为可行的。在本章和第5章中，将讨论通过以下两种方式来实现此种机制：

- 通过其他报告引发当前报告智能体的信念（本章）。
- 通过观察由智能体提供的报告数据来学习必要的概率分布（第5章）。

4.1 贝叶斯测真机

贝叶斯测真机[28]的思想是要求智能体都提供两份报告：包含感兴趣数据的信息报告x_i，以及包含对其他智能体将报告数据进行预测的预测报告F_i，这正是智能体关于数据的后验信念q。

两份报告都会得到一个分数，而智能体所获得的奖励就是这两个分数的和：

$$\tau_{\mathrm{BTS}}(x_i,F_i,\cdots)=\underbrace{\tau_{\mathrm{info}}(x_i,\cdots)}_{\text{信息分数}}+\underbrace{\tau_{\mathrm{pred}}(F_i,\cdots)}_{\text{预测分数}}.$$

最原始的贝叶斯测真机[28]使用下面两个量来计算分数：

- freq(x) ——（标准化的）报告x的频率：

$$\mathrm{freq}(x)=\frac{\mathrm{num}(x)}{n}$$

- gm——智能体预测的几何平均值F_i：

$$\log\,\mathrm{gm}(x)=\frac{1}{n}\sum_j\log f_j(x)$$

预测分数$\tau_{\mathrm{pred}}(F_i,\ \cdots)$是通过使用对数评分规则来评估所有智能体上的预测报告F_i而获得

$$\tau_{\mathrm{pred}}(F_i,\cdots)=\frac{1}{n}\sum_j\log(f_i(x_j))+C=\sum_x\mathrm{freq}(x)\cdot\log(f_i(x_i))+C$$

通过设置常量 $C = -\sum_{x} \text{freq}(x) \cdot \log(\text{freq}(x))$，得到

$$\tau_{\text{pred}}(F_i,\cdots) = \sum_{x} \text{freq}(x) \cdot \log \frac{f_i(x_j)}{\text{freq}(x)} = -\text{KL}(\text{freq}(x) \,||\, f_i(x_i))$$

因此，预测分数 $\tau_{\text{pred}}(F_i, \cdots)$ 度量了 F_i 与信息报告中观测到的实际频率的差异程度。这为智能体提供了关于预测报告尽可能真实的激励。

评估信息报告的原则是计算信息报告与使用智能体预测报告的几何平均 gm 所获得的信息相比信息报告要好多少。为此，使用对数评分规则进行比较：

- 报告值 x_i 的观察频率分数：

$$C - \log \text{freq}(x_i)$$

- 所有智能体预测报告的均值：

$$\frac{1}{n}\sum_{j=1}^{n}[C - \log f_j(x_i)] = C - \log \text{gm}(x_i)$$

可以获得信息分数为

$$\tau_{\text{info}}(x_i,\cdots) = \log \frac{\text{freq}(x_i)}{\text{gm}(x_i)}$$

机制 4.1 总结了由此产生的机制。

机制 4.1　原始的贝叶斯测真机（BTS）

1. 中心给智能体 $A = \{a_1, \cdots, a_k\}$ 分配同样的任务。每一个智能体 a_i 汇报一个信息报告 x_i 和一个预测报告 F_i，这里预测报告是对 A 中智能体汇报 x_i 的分布的一个估计。

2. 为了计算智能体 a_i 的分数，中心计算信息报告 $\text{freq}_{-i}(x)$ 的直方图和预测报告 $\text{gm}_{-i}(F)$ 的几何均值，这里从均值中去除了 a_i 的报告。

3. 中心计算预测分数 $\tau_{\text{pred}} = -D_{\text{KL}}(\text{freq}_{-i}(x) \,||\, F_i(x))$ 和信息分数 $\tau_{\text{inf}} = \ln \text{freq}_{-i}(x_i) - \ln \text{gm}_{-i}(x_i)$。

4. 中心支付给 a_i 与 $\tau_{\text{BTS}}(x_i, F_i) = \tau_{\text{inf}} + \tau_{\text{pred}}$ 成比例的奖励。

信息分数所给的激励是什么？在真实均衡中，可以将 $\text{freq}(x_i)$ 这一项视为正确答案为 x_i 的实际概率，因此最大化 $\log \text{freq}(x_i)$ 以报告最可能的值。为了将根据先验知识的报告得分归一化为零，减去根据先验报告获得的平均得分，即 $\text{gm}(x_i)$。如果将 $\text{gm}(x_i)$ 作为先验概率 P 而 $\text{freq}(x_i)$ 作为后验概率 Q，则使用原始 BTS 机制的预期信息分数将是

$$E[\tau_{\text{info}}] = \sum_{i} q(x_i) \log \frac{q(x_i)}{p(x_i)} = D_{\text{KL}}(Q \,\|\, P)$$

也就是先验分布和后验分布之间的 Kullback - Leibler 散度[⊖]。

⊖ BTS 背后的确切原因更复杂，但这里给出了本书中所讨论的机制的直观类比。——原书注

Prelec 在参考文献［28］中展现了如下的属性。

定理 4.1 给定足够多的智能体，原始的贝叶斯测真机作为严格的贝叶斯－纳什均衡具有合作策略。

因此，为了实现 BTS 的真实性，拥有足够数量的智能体是很重要的。事实上，所需智能体数量的下限取决于智能体的信念。将在以下小节中看到如何对大量的需求进行放宽。

作为另一个观察，Prelec 在参考文献［28］中指出，当赋予相同的权重时，所有 BTS 分数的总和加起来为零；预测分数之和为

$$\begin{aligned}\sum_i \tau_{\text{pred}}(F_i,\cdots) &= \sum_i \sum_x \operatorname{freq}(x)\cdot\log\frac{f_i(x)}{\operatorname{freq}(x)}\\ &= \sum_x \sum_i \frac{\operatorname{num}(x)}{n}\cdot[\log f_i(x) - \log\operatorname{freq}(x)]\\ &= \sum_x \operatorname{num}(x)\cdot\log\operatorname{gm}(x) - \sum_x \operatorname{num}(x)\cdot\log\operatorname{freq}(x)\\ &= \sum_i \log\frac{\operatorname{gm}(x_i)}{\operatorname{freq}(x_i)} =_{\text{def}} -\sum_i \tau_{\text{info}}(x_i\cdots)\end{aligned}$$

这就是信息分数之和的负数。

这种零和结构意味着涉及所有智能体的合谋策略无利可图，因为它们无法增加中心支付给所有智能体的总收益。因此，不必担心每个智能体报告相同值而导致的无信息均衡。另一方面，这也意味着该机制不会奖励智能体，从而使其提高准确性：不管智能体是否认真工作，支付总额保持不变。事实上，由于博弈是智能体之间的较量，所以即使是投入大量精力的智能体也可能获得负面回报。

例如，智能体提供的信息对分配质量分数是恰当的。值得注意的是，通过为信息报告提供相对于预测报告更高的权重，可以很轻松地使预期回报为正。

4.2 鲁棒的贝叶斯测真机

BTS 机制的一个主要问题是在报告的数据上观察到的分布可能与真实的概率分布相差甚远。如果总共只有 n 个报告，则任何值的频率都是 $1/n$ 的倍数，并且如果采样，则很有可能与真实概率相差很远。这可能会严重影响原始 BTS 机制的激励。

因此，已经开发出 BTS 的鲁棒性版本即使在报告数量很少的情况下也可以工作[33, 34]。他们将分数的可分解结构应用到信息分数和预测分数，其中信息分数给出基于另一个智能体的预测报告真实性的激励，而预测分数使用了针对信息报告的适当评分规则。例如[34]：

$$\tau_{\text{decomp}}(x_i,F_i,x_j,F_j) = \underbrace{\frac{\mathbf{1}_{x_i=x_j}}{f_j(x_i)}}_{\text{信息分数}} + \underbrace{f_i(x_j) - \frac{1}{2}\sum_z f_i(z)^2}_{\text{预测分数}}$$

使用鲁棒 BTS 机制对信息报告进行评分，像在原始 BTS 机制中那样，要求自我预测的条件成立。

作为说明具有鲁棒性的可分解 BTS 机制的示例，表 4.1 中展示了用 0、1、2 这三个值引出一个变量的智能体的先验和后验信念。假设智能体A_i观察到 $o=0$ 并且其同行智能体A_j是可靠的。使用二次评分规则 $\mathrm{QSR}(A,x)=a(x)-\frac{1}{2}\sum_z a(z)^2$ 计算预测得分。因此，A_i对其预测报告$F_i=q_0$的预测分数为

$$
\begin{aligned}
E(\tau_{\mathrm{pred}}(F_i,\cdots)) &= q_0(0)\cdot \mathrm{QSR}(F_i,0)\\
&+ q_0(1)\cdot \mathrm{QSR}(F_i,1)+q_0(2)\cdot \mathrm{QSR}(F_i,2)\\
&= 0.3\cdot 0.13+0.4\cdot 0.23+0.3\cdot 0.13=0.17
\end{aligned}
$$

另一方面，如果 A_i提供了不准确的预测报告 $F_i=(f_i(0),f_i(1),f_i(2))=(0.5,0.2,0.3)$，它的预测分数将更低：

$$
\begin{aligned}
E(\tau_{\mathrm{pred}}(F_i,\cdots)) &= q_0(0)\cdot \mathrm{QSR}(F_i,0)\\
&+ q_0(1)\cdot \mathrm{QSR}(F_i,1)+q_0(2)\cdot \mathrm{QSR}(F_i,2)\\
&= 0.3\cdot 0.31+0.4\cdot 0.01+0.3\cdot 0.11=0.13
\end{aligned}
$$

一般来说，由于适当的评分规则，可以证明 $E(\tau_{\mathrm{pred}}(F_{\mathrm{honest}},\cdots))>E(\tau_{\mathrm{pred}}(F_{\mathrm{dishonest}},\cdots))$。

表 4.1　用三个值引出一个变量的智能体先验和后验信念

o	0	1	2
$p(o)$	0.1	0.5	0.4
$q_0(o)$	0.3	0.2	0.2
$q_1(o)$	0.4	0.6	0.3
$q_2(o)$	0.3	0.2	0.5

现在讨论信息分数。如果 A_i 真实地报告了它的观测值 0，它将获得分数：

$$
E(\tau_{\mathrm{info}}(x_i=0,\cdots))=E\left(\frac{\mathbf{1}_{x_j=0}}{f_j(0)}\right)=\frac{q_0(0)}{f_j(0)}=\frac{q_0(0)}{q_0(0)}=1
$$

而对于不正确的报告，它的期望得分较低，例如在报告值为 1 时（实际观察到 0）：

$$
E(\tau_{\mathrm{info}}(x_i=1,\cdots))=E\left(\frac{\mathbf{1}_{x_j=1}}{f_j(1)}\right)=\frac{q_0(1)}{f_j(1)}=\frac{q_0(1)}{q_1(1)}=0.67
$$

总之，以上表明了 $E(\tau_{\mathrm{info}}(x_{\mathrm{honest}},\cdots))>E(\tau_{\mathrm{info}}(x_{\mathrm{dishonest}},\cdots))$。

对于具有鲁棒性的 BTS，有以下属性[34]。

定理 4.2　如果智能体信念更新满足自我预测条件，则鲁棒 BTS 机制（机制 4.2）作为严格的贝叶斯 - 纳什均衡具有合作策略。

机制 4.2 鲁棒的贝叶斯测真机（BTS）

1. 中心给智能体 $A=\{a_1,\cdots,a_k\}$ 分配同样的任务。每一个智能体a_i汇报一个信息报告x_i和一个预测报告F_i，这里预测报告是对 A 中智能体汇报x_i的分布的一个估计。

2. 中心随机选择一个其他的智能体$a_j\in A$，如下计算给予智能体a_i的奖励：

$$\tau_{\text{decomp}}(x_i,F_i,x_j,F_j)=\underbrace{\frac{\mathbf{1}_{x_i=x_j}}{f_j(x_i)}}_{\text{信息分数}}+\underbrace{f_i(x_j)-\frac{1}{2}\sum_z f_i(z)^2}_{\text{预测分数}}$$

可分解的机制 值得注意的是，在原始 BTS 分数和鲁棒 BTS 分数中信息报告与预测报告都是分开的。称这种机制是可分解的机制，因为智能体的信息分数独立于其预测报告，则智能体的预测分数独立于其预测报告。通常，对这种机制的理论分析相对简单，允许用它们的结构来直观地解释分数（例如，参见 Radanovic 的研究[36]）。然而，从博弈论的观点来看，可分解机制在某种意义上是不完整的，即在不假设对共同信念系统的约束的情况下不能实现真实的启发。更正式的表述可以参见 Radanovic 和 Faltings 的研究[34]。

定理 4.3 对智能体信念的一般结构，鲁棒 BTS 机制作为严格的贝叶斯 - 纳什均衡具有合作策略，其不存在可分解的 BTS 机制。

与定理 3.3 的情况一样，定理 4.3 适用于任何具有统计相关性的智能体信念，这使其具有广泛的适用性。为了对智能体的共同信念系统的一般情况实现真实的启发，在下一节中讨论一种不可分解的 BTS 机制。

4.3 基于差异的 BTS

正如在上面所看到的，贝叶斯测真机仍然存在缺点，它需要大量的智能体，或者（对于鲁棒的版本）需要自我预测约束。

现在将展示一种替代的方法（见机制 4.3）：由 Radanovic 和 Faltings[35]，Kong 和 Schoenebeck[37]独立开发的一种在报告中对不一致的智能体进行惩罚的方法。使用相同的原则对分数进行预测，使用适当的评分规则对同行报告和报告进行评分。但是，特别地，对提供相同信息报告但预测分数显著不同的智能体，信息分数将惩罚它们的不一致性。

机制 4.3 基于差异的贝叶斯测真机（DBTS）

1. 中心给智能体 $A=\{a_1,\cdots,a_k\}$ 分配同样的任务。每一个智能体 a_i 汇报一个信息报告 x_i 和一个预测报告 F_i，这里预测报告是对 A 中智能体汇报 x_i 的分布的一个估计。

2. 中心随机选择一个同行智能体 $a_j\in A$，计算给予智能体 a_i 的奖励如下：

$$\text{pay}(x_i,F_i,x_j,F_j)=\underbrace{-\mathbf{1}_{x_i=x_j\wedge D_{\text{KL}}(F_i\|F_j)>\Theta}}_{\text{信息分数}}+\underbrace{f_i(x_j)-\frac{1}{2}\sum_z f_i(z)^2}_{\text{预测分数}}$$

通过以下的评分函数来定义基于差异的 BTS：

- 正如鲁棒 BTS 中的预测分数，使用二次评分规则：

$$\text{pay}_{\text{pred}}(x_i, F_i, x_j, F_j) = f_i(x_j) - \frac{1}{2}\sum_z f_i(z)^2$$

- 对于具有不同信息报告的智能体的预测报告，信息分数惩罚散度 > Θ 的情况：

$$\text{pay}_{\text{info}}(x_i, F_i, x_j, F_j) = \begin{cases} -1 & x_i = x_j \wedge D(F_i \| F_j) > \Theta \\ 0 & \text{其他} \end{cases}$$

$$\text{pay}(x_i, F_i, x_j, F_j) = \underbrace{-\mathbf{1}_{x_i = x_j \wedge D_{\text{KL}}(F_i \| F_j) > \Theta}}_{\text{信息分数}} + \underbrace{f_i(x_j) - \frac{1}{2}\sum_z f_i(z)^2}_{\text{预测分数}}$$

信息分数仍然需要一个参数 Θ，需要由中心正确设置。可以通过比较与随机选择的报告不同值的第三个智能体的差异（因此应该具有不同的后验分布）来消除对这个参数的需要：

$$\text{pay}_{\text{info}}(\cdots) = \begin{cases} -1 & x_i = x_j \neq x_k \wedge D(F_i \| F_j) > D(F_i \| F_k) \\ 0 & \text{其他} \end{cases}$$

以上使用的相同示例考虑了基于差异的 BTS 机制（见表 4.1）。预测分数与上面给出的鲁棒 BTS 机制相同。首先考虑参数 Θ = 0.01 的情况，而且要求智能体真实地报告他们的后验信念作为预测报告。那么，信息分数是

$$E(\tau_{\text{info}}(x_i = 0, \cdots)) = -q_0(0) \cdot \mathbf{1}_{D(q_0 \| q_0) > 0.01} = 0$$

另一方面，如果它错误地报告值 1，则信息分数会是

$$\begin{aligned} E(\tau_{\text{info}}(x_i = 0, \cdots)) &= -q_0(1) \cdot \mathbf{1}_{D(q_0 \| q_1) > \Theta} \\ &= -0.4 \cdot \mathbf{1}_{(0.2-0.3)^2 + (0.6-0.4)^2 + (0.2-0.3)^2 > 0.01} = -0.4 \end{aligned}$$

这里又一次表明了 $E(\tau_{\text{info}}(x_{\text{honest}}, \ldots)) > E(\tau_{\text{info}}(x_{\text{dishonest}}, \ldots))$。

在技术条件的假设下，原始 BTS 的条件或具有鲁棒性的 BTS 机制条件下的智能体技术有以下结论[35]。

定理 4.4 基于差异的 BTS 机制作为严格的贝叶斯 - 纳什均衡具有真实的报告。

在 Kong 和 Schoenebeck[37] 的研究中介绍了一种类似的基于差异的机制，但仍需假设该机制不知道一个共同的先验信念。在 Kong 和 Schoenebeck[4] 的研究中，同一作者为这种机制提供了一个扩展框架，它不仅包括差异，还包括应用于预测报告的其他类型的比较，特别是互信息和信息增益的比较。他们的工作特别注意排除智能体无法提供真实信息的均衡。

连续值 基于差异的 BTS 机制具有一些重要的优点。它甚至适用于少量的智能体，并且不要求智能体具有相同的先验信念。这种可能性还允许将其扩展到特别是在传感器数据中出现的连续值的报告[35]。现在将描述为连续域设计的基于差异的 BTS 的参数化版本，对于某些智能体的信念类型，它也可以转换为非参数机制（详见 Radanovic 和 Faltings[35] 的研究）。注意，要描述的参数机制对如何选择适当的参数值的要求不高。因此，尽管该机制在技术上是参数化的，但在本章中对其进行了正确的描述。

显然，因为对于连续值惩罚分数没有很好地定义，所以不可能直接应用基于差异的 BTS 机制。为了以更有意义的方式定义比较信息报告的惩罚分数，将实数域离散化为相等大小的

区间，其中大小是随机选择的，而离散化过程的起点由智能体信息报告的值定义。然后，如果智能体及其同行的信息报告落在了相同的区间，则认为它们是相似的。这种基于差异的 BTS 的完全变换可以通过以下步骤描述。

1）如在基于差异的 BTS 中那样，要求每个智能体 i 提供信息报告 x_i 和预测报告 F_i。

2）对于每个智能体 i，该机制从均匀分布中采样数字 δ_i，即 $\delta_i = \text{rand}((0,1))$[㊀]。连续答案空间用大小为 δ_i 的离散化间隔和在其所属区间中间值 x_i 约束下均匀离散化。用 Δ_x^i 表示值 x_i 的间隔，则可以将约束写为 $x_i = \dfrac{\max\Delta_x^i - \min\Delta_x^i}{2}$。

3）最后，使用基于差异的 BTS 分数的修改版本对智能体 i 进行评分[㊁]：

$$\underbrace{-\mathbf{1}_{x_j \in \Delta_x^i \wedge D_{\mathrm{KL}}(F_i \| F_j) > \delta_i \cdot \Theta}}_{\text{信息分数}} + \underbrace{\log(f_i(x_j))}_{\text{预测分数}}$$

注意，上述机制 Θ 正确性的唯一限制是它要足够大。但是，在真实和非真实报告之间的信息分数的差异预期值和 Θ 值之间存在权衡。也就是说，Θ 越大，对于偏离真实报告的智能体的预期惩罚越小。进一步地，这里的预测报告是概率密度函数。对于通常在实践中使用的参数分布函数，报告预测归结为报告相对较少的实数值参数。

在预测报告和信息报告差异的单调性条件下，有以下内容（见参考文献［35］）：

定理 4.5 作为严格的贝叶斯－纳什均衡的基于差异的 BTS 机制用于连续信号（机制 4.4）具有合作策略。

基于差异的 BTS 的一般性 已经看到，基于差异的 BTS 在相当一般的条件下引发了真实的响应。对于具有连续值的数据，它要求智能体共享一个共同的信念系统。人们可能想知道是否有可能放宽这一要求，特别是对于离散值，基于差异的 BTS 确实允许偏离这种情况。不幸的是，这在 BTS 设置中是不可能实现的[35,36]。对于基于高斯分布的非常原始的一类信念系统，即使与共同信念系统条件有微小的偏差也难以处理。

定理 4.6 存在一个参数类的信念系统，使得没有 BTS 机制但具有以下性质：

- 当所有智能体都具有一个共同的信念系统 B 时，严格的贝叶斯－纳什均衡具有合作策略。

- 当一个智能体有一个信念系统 $\hat{B} \neq B$，而所有其他智能体都有一个共同的信念系统 B 时，严格的贝叶斯－纳什均衡具有合作策略。

从某种意义上说，这个结果意味着在标准 BTS 设置中基于差异的 BTS 的一般性。进一步地，它证明了在同行一致性机制的非参数类中引发连续私有信息的困难。

实际问题 所有 BTS 机制都要求报告智能体与其他智能体可能报告的内容形成明确的观点。这些数据可能比信息报告本身复杂得多。此外，对于要保留的激励的属性，智能体必须

㊀ 将离散化区间设为 1，但可以使其更大或更小。此外，只要是在离散化区间内完全支持，δ_i 可以从不同类型的分布中采样得到。——原书注

㊁ 为简单起见，对基于差异的 BTS 的连续性版本使用了对数评分规则。也可以应用二次评分规则（如在基于差异的 BTS 中），用于导出概率密度函数。——原书注

不知道其他智能体已经收到的报告——否则很容易提交与该分布完全匹配的预测报告。因此，它们不适用于诸如民意调查或持续发布此信息的声誉论坛等应用。

机制 4.4　针对连续值的基于差异的贝叶斯测真机（DBTS）

1. 中心给智能体 $A=\{a_1,\cdots,a_k\}$ 分配同样的任务。每一个智能体 a_i 汇报一个信息报告 x_i 和一个预测报告 F_i，这里预测报告是对 A 中智能体汇报 x_i 的分布的一个估计。

2. 对于每一个智能体 a_i，中心使用长度为 δ_i 的离散化区间对连续回答空间进行均匀离散化，并限制值 x_i 位于它所在区间的中间位置。

3. 中心随机选择一个其他的智能体 $a_j \in A$，如下计算给予智能体 a_i 的奖励：

$$\mathrm{pay}(x_i,F_i,x_j,F_j) = \underbrace{-\mathbf{1}_{x_j \in \Delta_x^i \wedge D(F_i \| F_j) > \delta_i \cdot \Theta}}_{\text{信息分数}} + \underbrace{\log(f_i(x_j))}_{\text{预测分数}}$$

4.4　两个阶段的机制

文献中的一些著作提出了智能体在不同时间提供两份报告的机制。如果设置允许在两个单独的阶段中引出信息，这些工作就提供了有趣的优势。

Witkowski 和 Parkes[38] 提出了一种机制，其中智能体在观察现象之前首先提供预测报告，然后在观察现象之后再提供另一份报告。两份报告的变化可用于推导实际观察结果。Zhang 和 Cheney[39] 提出了一种机制，智能体首先报告它们的信息报告，然后在考虑同行智能体提供的信息报告的同时形成预测报告。他们表明，可以利用这种依赖来确保对比上述鲁棒 BTS 机制稍微更一般的信念结构的真实性。

4.5　应用

由于预测报告的复杂性，贝叶斯测真机迄今尚未得到广泛的实验。Prelec 和 Seung 报道了一项对美国的州首府的预测实验[29]。通常，由于这些城市不是最大和最知名的，因此存在很多混淆。实际上发现，在实验中，通常有多数人给出了错误的答案。例如，对于伊利诺伊州，大多数学生错误地认为其首府是芝加哥。

该实验向麻省理工学院的 51 名学生和普林斯顿大学的 32 名学生询问了 50 个问题，询问每个州人口最多的城市是否是该州的首府。因此，例如，会问：“芝加哥是伊利诺伊州的首府吗?”

学生的地理知识较差，但与随机相比，其回答略胜一筹，麻省理工学院的学生平均得到了 29.5 个正确答案，普林斯顿大学平均得到了 31 个正确答案。多数决策略胜一筹，麻省理工学院给出 31 个问题的正确答案，普林斯顿大学给出 36 个问题的正确答案（4 组）。

项目在预测和信息报告之间显示出强烈的相关性：那些回答“是”的人认为平均 70.3% 的人也会回答“是”，而回答“否”的人认为平均 49.8% 的人会回答“是”。

为了评估 BTS 机制，研究人员考虑了一种投票方案，通过受访者的答案计算的 BTS 分数加权得到答案，并且所选择的答案是具有最高 BTS 分数总和的答案。他们报告了在准确性上的显著影响：在麻省理工学院的样本中，正确多数决策的数量从 31 上升至 41，而在普林斯顿大学的样本中，它从 36 上升到了 42（仍然有 4 组）。

该实验还显示正确答案的数量与受访者获得的 BTS 分数之间存在很强的相关性。

Weaver 和 Prelec[30]报告了另一项研究，其中证明 BTS 可以提供有效的激励措施来抵御过度使用。在该实验中，受访者被问及他们是否能识别真实和假冒的品牌名称。为每个公认的真实品牌提供奖金会导致过度声明，这可以通过用假定认可的假名牌的比例来均衡。该研究表明，BTS 可有效抵抗这种偏见。

John 等人[31]展示了类似的效果，心理学家声明他们使用了可疑的研究实践——这里的声明不是由货币奖励引起的，而是由 BTS 反击的窘迫造成的（但可能没有完全补偿）。

BTS 也被提议作为一种评分方案，用于根据信心更好地汇总信息。Prelec 等人[32]报告了四项不同的研究，包括上述讨论的州首府研究，其中答案的 BTS 分数被用作汇总信息的加权标准，而不是首先获得准确信息的激励。

第 5 章 非参数机制：多任务

获得非参数机制的另一种策略是在某个固定的时间间隔内从智能体本身提交的数据中学习参数。每当让智能体在短时间间隔内提供多个（理想情况下很多）非常相似的现象的数据时，这就可以工作，如图 5.1 所示。

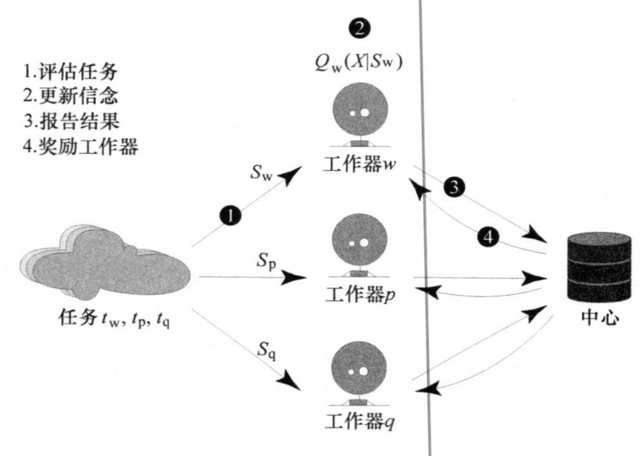

图 5.1　多任务机制的场景

5.1　相关协议

例如，可以观察不同提交报告的频率，并使用此信息使任何随机报告策略的预期奖励等于零。Dasgupta 和 Ghosh[41] 为二进制值查询引入了这种机制。它对每个值应用相同奖励的同行一致性，并减去随机选择的报告也匹配相同答案 a 的概率 $r(x)$，这只是随机答案等于 x 的概率，并且可以从观察数据近似出来。用这种方法，根据任何分布（包括仅报告单个值），随机报告的预期奖励恰好等于零。

获得 $r(x)$ 的一种方法是只能获取数据中 x 的频率。然而，Dasgupta 和 Ghosh[41] 的机制选择了更漂亮的解决方案。它随机选择一个不相关任务 w 的报告，并创建一个随机变量，当 $w=a$ 时，该随机变量等于 1，否则为 0。该替代变量的预期值恰好等于 $r(x)$。由此产生的付出规则是

$$\text{pay}(x,y) = \underbrace{\mathbf{1}_{x=y}}_{\text{输出协议}} - \underbrace{\mathbf{1}_{x=w}}_{r\text{的替代}}$$

式中，w 是对不同任务的随机同行答案。

这种机制有几个非常有用的属性。首先，虽然它承认无信息均衡，但它们的预期奖励恰好等于零，并且它们对智能体并不感兴趣。其次，它实现起来非常简单，并且不需要参数。

只要观察值 x 的后验概率的增加超过先验概率的增加，该机制就会促进产生它的真实报告：$q(x) \geqslant p(x)$。因此，只要 x 只与自身相关，它就会促进产生真实的报告，因为所有其他值都会产生负的预期奖励。对于两个值，情况总是如此，因此不需要进一步的条件。

然而，如果想以明显的方式将这种机制推广到两个值以上的例子，需要确保值之间没有相关性——任何与 x 正相关的值也会给出正的预期奖励。

能否基于输出协议将该机制推广到不强加任何更严格条件的两个值以上的情况？

考虑与 x 负相关的值 z。对于观察 x 的智能体来说，报告 z 永远不会有利可图，因为它的后验概率低于先验概率，因此它的预期奖励是负的。然而，报告与 x 正相关的任何值都会产生正预期付出。

相关协议机制（见机制 5.1）[42]在以下假设下将此想法推广到具有两个值以上的场景。

- 智能体可以回答多个任务，并在各处使用相同的策略。
- 智能体和中心知道并同意对于不同的智能体/相同的任务每个答案对之间的相关性标志。
- 其他关于智能体信念的理论都未知。
- 区分相关值不重要。

机制 5.1　相关协议机制

---

1. 中心给智能体 $A=\{a_1,\cdots,a_k\}$ 一组类似的任务 $\tau=\{t_1,\cdots,t_m\}$，这样每个智能体 a_i 都可以解决多个任务，每个任务都可以被多个智能体解决；a_i 报告数据 x_i。

2. 中心计算在信号分布 $\Pr(s)$ 预期的任务上的相关矩阵 Δ，即 $\Delta(x,y)=\Pr(x,y)-\Pr(x)\Pr(y)$。或者，也可以根据从智能体收到的答案的集合计算相关性。它导出得分矩阵 $S(x,y)$，如果 $\Delta(x,y)>0$，$S(x,y)=1$；否则，$S(x,y)=0$。

3. 为了计算 a_i 对其答案 x_i 到任务 t_m 的奖励，中心随机选择一个也可以为 t_m 提交答案 x_j 的同行智能体 a_j，并让 y_i 和 y_j 是 a_i 和 a_j 提交的其他任务的两个答案。

4. 中心给智能体 a_i 的奖励与以下成比例：

$$\tau(x_i,x_j,y_i,y_j) = S(x_i,x_j) - S(y_i,y_j)。$$

为了抑制报告相关值的激励，当报告 x_i 与随机选择的同行智能体的答案 x_j 正相关时，相关协议机制给出恒定的奖励。更具体地说，定义相关矩阵 Δ：

$$\Delta(x,y) = \Pr(x,y) - \Pr(x)\Pr(y)$$

并将智能体报告 x 和其同行智能体报告 y 的分数定义为

$$S(x,y) = \begin{cases} 1 & \Delta(x,y) > 0 \\ 0 & \text{其他} \end{cases}$$

为了阻止随机报告，它将对于相同的任务 t_1 的得分 $S(x_i,x_j)$ 与使用对于任务 t_2 的智能体 i 的报告 y_i 和对于任务 t_3 的同行智能体 j 的报告 y_j 随机选择的不同任务的分数相比较来获得付出：

$$\tau(x_i,x_j,y_i,y_j) = S(x_i,x_j) - S(y_i,y_j)$$

可以看到，使用这种机制，通过考虑到真实报告的预期付出是 Δ 中所有正项条目的总和，则信号的真实报告是最佳策略：

$$E[\text{pay}] = \sum_{i,j}\Delta(x_i,x_j)S(x_i,x_j) = \sum_{i,j,\Delta(x_i,x_j)>0}\Delta(x_i,x_j)$$

非真实策略会对不同的元素进行求和，因为其中一些不是正值，所以它只能得到较小的总和。因此，真实策略导致最高付出的平衡！注意到，Kong 和 Schoenebeck[4] 使用信息理论框架提供了另一种证据。

显然，对真实性的激励也有助于激励找出正确观察是什么所需的努力。然而，由于该方案为报告真实值和任何正相关值提供了相同的结果，因此无法区分这些值。一方面，当存在强相关值且智能体信念更新可能甚至不能满足自我预测条件（定义 1.4）——CA 机制不能提供报告错误值的激励时，这可能是正值。另一方面，当相关性较弱时，CA 机制不能用于获取任意精确度的信息。

考虑一下这个机制如何对在第 3 章中介绍的航空公司服务的例子起作用。假设一个智能体和一个随机选择的同行智能体的联合概率分布如下：

		同行经验	
		b	g
	b	0.06	0.05
智能体经验	g	0.05	0.84

所以航空公司服务的概率是（Pr(good) = 0.89，Pr(bad) = 0.11）。相应的 Δ 矩阵是

		b	g
$\Delta =$	b	$\underbrace{0.06-0.11^2}_{=0.0479}$	$\underbrace{0.05-0.11\cdot 0.89}_{=-0.0479}$
	g	$\underbrace{0.05-0.89\cdot 0.11}_{=-0.0479}$	$\underbrace{0.84-0.89^2}_{=0.0479}$

考虑智能体可能在多个报告中采用的两个示例策略：始终如实报告；始终报告好的服务。它们导致对于在付出函数中变成负项的不相关任务会得到不同的预期得分：

1）总是如实报告：在不相关任务上匹配的概率为 $0.84^2+0.06^2=0.709$；

2）总是报告好的服务：在不相关任务上匹配的概率为 0.84。

现在考虑观察差的服务的智能体，并采用 $\hat{q}_b(g)=0.45$。根据它是否报告“坏”或“好”（第一或第二策略），它可以期望奖励为

$$1: E[\text{pay}(\text{"bad"})] = 0.055 \cdot \underbrace{\text{Pay}(b,b)}_{=1} + 0.45 \cdot \underbrace{\text{Pay}(b,g)}_{=0} - 0.709 = 0.55 - 0.709 = -0.159$$

$$2: E[\text{pay}(\text{"good"})] = 0.55 \cdot \underbrace{\text{Pay}(g,b)}_{=0} + 0.45 \cdot \underbrace{\text{Pay}(g,g)}_{=1} - 0.84 = 0.45 - 0.84 = -0.39$$

显然，真实的策略会导致较低的损失。考虑当智能体观察到好的服务时会发生什么，并采用$\hat{q}_b(g) = 0.94$。它的预期付出为

$$1: E[\text{pay}(\text{"good"})] = 0.06 \cdot \underbrace{\text{Pay}(g,b)}_{=0} + 0.94 \cdot \underbrace{\text{Pay}(g,g)}_{=1} - 0.709 = 0.94 - 0.709 = 0.231$$

$$2: E[\text{pay}(\text{"good"})] = 0.06 \cdot \underbrace{\text{Pay}(g,b)}_{=0} + 0.94 \cdot \underbrace{\text{Pay}(g,g)}_{=1} - 0.84 = 0.94 - 0.84 = 0.1$$

因此，总的来说，这两种策略的预期结果是（有 15% 的差的服务和 85% 的优质服务）

$$1: 0.11 \cdot (-0.159) + 0.89 \cdot 0.231 = 0.1881$$

$$2: 0.11 \cdot (-0.39) + 0.89 \cdot 0.1 = 0.0461$$

因此，相关协议机制适用于该示例，并且在真实和非真实策略之间提供了非常有效的分离。

对于在这里介绍的 CA 机制，它可能表明[42]：

定理 5.1 CA 机制在所有只使用信号相关结构的知识的多任务机制中具有最强的真实性。

这里，强真实性指的是一种属性，这里真实性（合作性）是结果比其他所有策略都好的严格的贝叶斯 - 纳什平衡。如果信号的相关结构是特定于智能体的，那么该机制也可以达到后验主观平衡，这可以通过从引出的数据中学习来得到。

CA 算法的一个重要限制是由 Δ 矩阵表示的相关性对所有智能体都必须相同。实际上，每对智能体可能会有不同的相关性，这取决于它们在判断观察结果时的相似程度。对 n 个智能体完全建模这种情况需要学习 $n(n-1)/2$ 个 Δ 矩阵，这在实践中是很难的。对此的一个解决方案是根据在 1.3 节中介绍的 Dawid 和 Skene[5] 的模型，将智能体通过相似判断，也可以是 Δ 矩阵或者是混淆矩阵将它们聚类成不同的组。

Agarwal 等人[43] 展示了如何在不会影响 CA 方案的激励属性的情况下从信息智能体提交的报告中学习聚类。聚类导致两种误差：一个是用于通过聚类来近似个体关系的模型误差 ϵ_1；另一个用于从有限数量的样本中不完全地学习聚类的样本误差 ϵ_2。由 Agarwal 等人[43] 提出的该算法导致作为 $\epsilon_1 + \epsilon_2$ 平衡的实话实说，这意味着说实话可能比 $\epsilon_1 + \epsilon_2$ 更差，而 $\epsilon_1 + \epsilon_2$ 比真实报告更差，但不是很多，因此对这些小优势漠不关心的智能体会如实地报告。通过这种方式，该机制可以学习容忍具有合理数量的样本数据的异构智能体。

5.2 面向众包的同行测真机（PTSC）

第 3 章介绍的同行测真机以值的分布 R 为参数。当应用于多任务设置时，可以从一批提交的数据中学习分布 R。此外，由于无法在它们报告数据之前向智能体透露其分布情况，因

此它们也无法围绕智能体设计合作式策略。这是一个用于 PTSC[44] 的基础思想，如图 5.2 所示。

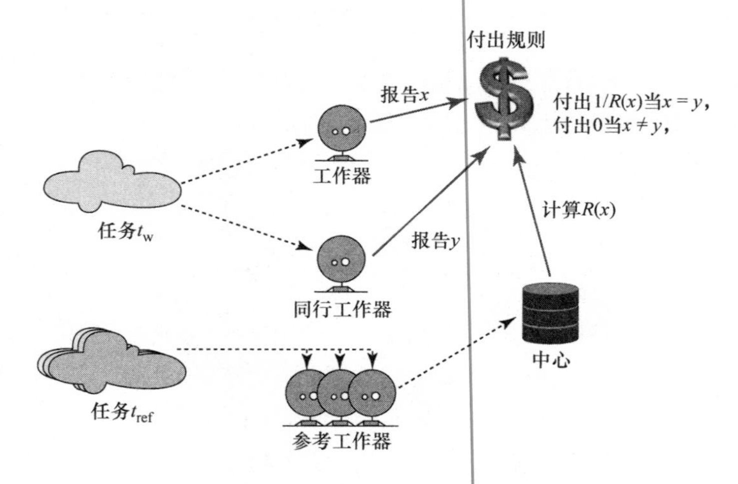

图 5.2　用于 PTSC 的情形

更具体地，在 PTSC 中，分布 R 作为来自一组许多类似任务的报告的直方图被获得，而同行报告是从相同任务的报告中选择的。该方案非常直观且易于理解：智能体应该相信它对同行报告的先验分布的最佳猜测是让 $P \simeq R$（至少在无限多任务的限制内），并且对于它自己的任务，对于自身观察 x_i，$q(x)/R(x)$ 达到最大化。结果是机制 5.2。

作为说明 PTSC 机制的示例，考虑一组具有四个可能答案 a、b、c 和 d 的任务。假设对于一批十个任务，中心接收表 5.1 中的答案。这导致所有任务的答案的总体分布 R：

机制 5.2　面向众包的同行测真机（PTSC）机制

1. 中心给智能体 $A=\{a_1, \cdots, a_k\}$ 一组类似的任务 $\tau=\{t_1,\cdots,t_m\}$，这样每个任务都可以被多个智能体解决；a_i 报告数据 x_i。

2. 对于工作器 w，计算答案的直方图 $r_w(x) = \dfrac{\text{num}(x)}{\sum_y \text{num}(y)}$，这里工作器 w 的报告被排除。

3. 对于由工作器 w 执行的每个任务 t_w，选择已解决相同任务的同行工作器 j。用一个与以下成比例的付出结果奖励智能体 a_i：

$$\tau(x_i, x_j) = \frac{\mathbf{1}_{x_i = x_j}}{r_w(x_i)} - 1$$

式中，$r_w(x)=0$，用 0 奖励智能体（因为没有相匹配的同行报告）。

表 5.1　在 PTSC 示例中收到的批处理任务的答案

任务	答案	g
t_1	b,a,a,c	a
t_2	b,b,b,a	b
t_3	a,a,b,a	a
t_4	a,d,a,a	a
t_5	c,c,a,b	c
t_6	d,a,c,d	d
t_7	a,a,c,a	a
t_8	b,b,a,b	b
t_9	a,a,a,a	a
t_{10}	b,b,a,b	b

答案	a	b	c	d
计数	20	12	4	4
R	0.50	0.30	0.1	0.1

在这批中，现在考虑一个解决了 t_7 并且有 $x_i = a$ 的智能体 a_i。假设它采用其先验分布等于 $R(p(x) \leftarrow R(x))$，并且正确更新其后验分布以反映批次中的分布：$q(x) \leftarrow \text{freq}(x \mid a)$。这导致了下面对于不同报告策略的预期收益：

- 诚信的，报告 a：

$$E[\text{pay}(a)] = \frac{0.75}{0.5} - 1 = \frac{1}{2}$$

- 策略的，报告 c：

$$E[\text{pay}(a)] = \frac{0.1}{0.1} - 1 = 0$$

- 根据 r 随机地报告：

$$E[\text{pay}([0.5,0.3,0.1,0.1])] = 0.5 \cdot \frac{0.75}{0.5} + 0.3 \cdot \frac{0.1}{0.3} + 0.1 \cdot \frac{0.1}{0.1} + 0.1 \cdot \frac{0.05}{0.1} - 1 = 0$$

事实上，可以看到这不是偶然的，而是对所有任务都有效。当考虑具有相同答案的所有任务中不同答案的概率时，见表 5.2，我们看到，对于每个任务，报告正确答案有着匹配同行的最高概率和最高收益！

表 5.2　区别于每项任务的正确答案，观察不同答案的概率

正确答案		观察答案			
		a	b	c	d
a	Count（a）	15	2	2	1
	freq（· | a）	0.75	0.1	0.1	0.05
b	Count（b）	3	9	0	0
	freq（· | b）	0.25	0.75	0	0

（续）

正确答案		观察答案			
		a	b	c	d
c	Count（c） freq（·｜c）	1 0.25	1 0.25	2 0.5	0 0
d	Count（d） freq（·｜d）	1 0.25	0 0	0 0	3 0.75
	Count R	20 0.5	12 0.3	4 0.1	4 0.1

机制 5.2 的一个问题是，当一些任务的答案比其他任务多时，直方图最终会偏向于这些答案。因此，最好从每个任务收集相同数量的样本。

当该机制计算同行答案的确切分布时，一个相同的激励可以作为付出的预期值而不是随机匹配被获得。除了付出：

$$\tau(x_i,x_j) = \frac{\mathbf{1}_{x_i=x_j}}{R_w(x_i)} - 1$$

用一个随机选择的同行报告 x_j，计算频率 $f_{tw}(x_i)$ 并且用下式作为奖励：

$$\tau(x_i) = \frac{f_{tw}(x_i)}{R_w(x_i)\sum_x f_{tw}(x)} - 1$$

这消除了由同行随机选择引起的波动，因此导致在具有相同激励的情况下具有更稳定的付出。

它可能表明[44]：

定理 5.2 假如有足够数量的任务，PTSC（机制 5.2）有作为严格后验主观贝叶斯 - 纳什平衡的合作式策略，并且这种平衡的收益大于所有其他平衡的收益。

此外，PTSC 还有几个有用的属性：

- 当真实信息需要花费大量精力时，奖励总是被增加以便工作器通过投入最大努力来最大化它们的奖励。
- 被定义为通过与观察值无关的分布给出答案的启发式报告，总是会降低与真实报告相比的预期收益。
- 批量大小越大，就有更多的任务去学习准确分布 R，自我预测条件就越弱，即自我预测器［式（3.2）］可以更接近 1。

然而，PTSC 的激励兼容性取决于智能体信念系统必须满足自我预测条件的条件，如定义 1.4 中所定义的，现在展示一种不需要这种条件的机制。

5.3 对数同行测真机（LPTS）

PTSC 机制要求智能体的信念满足自我预测条件。但是，PTSC 机制可以被修改以便不再需要自我预测条件，而是通过根据对数信息分数奖励报告信息内容来实现真实性。但是，付出的代价是，只有在无限多的智能体和报告的情况下，才能保证该机制是真实的。

更具体地说，机制5.3中所示的LPTS[45]根据对数损失函数$\log p(x)$来奖励报告x。它在报告智能体的同行群体中测量报告x_i的标准化频率$L(i)$，并根据$\log L_i(x)$奖励智能体。要将随机报告的奖励标准化为0，它还会测量总体$G_i(x)$和减去$\log G_i(x)$的频率，所以最终得到：

机制5.3　面向众包的对数同行测真机（LPTS）机制

1. 中心给智能体$A=\{a_1,\cdots,a_k\}$一组类似的任务$\tau=\{t_1,\cdots,t_m\}$，这样每个任务都可以被多个智能体解决；a_i报告数据x_i。

2. 对工作器a_i和任务T_m，计算：

- 同行答案的局部直方图$L_i(x)=\dfrac{\text{num}(x)}{\sum_y \text{num}(y)}$，在相同任务上被获得
- 答案的全局直方图$G_i(x)=\dfrac{\text{num}(x)}{\sum_y \text{num}(y)}$

在这两种情况下，不包括智能体a_i的报告。

3. 用一个与以下成比例的付出结果奖励关于答案x_i的智能体a_i：

$$\tau(x_i)=\log\frac{L_i(x_i)}{G_i(x_i)}$$

付出为

$$\tau(x_i)=\log\frac{L_i(x_i)}{G_i(x_i)}$$

Radanovic 和 Faltings[45]表明，LPTS 的预期收益可以表示为两个 Kullback - Leibler 散度之差：

- 给定观察值的现象分布与没有报告的先验分布之间的 KL 散度，减去
- 给定报告的现象分布与给定观察值的分布之间的 KL 散度。

最大化得分的报告策略使得第二个 KL 散度等于零，并且这仅在分布相等的情况下，这反过来又要求报告值和观察值相同。

通过真实报告，预期付出等于正项，并通过度量衡量信息增益，从而可以看出对数 PTS 激励有意义的测量。它可以表示为[45]

定理5.3　假如有足够数量的同行，LPTS（机制5.3）有作为严格后验主观贝叶斯 - 纳什平衡的真实报告；除了真实策略的排列，这种平衡具有比其他所有平衡更高的收益。

5.4　其他机制

最近针对类似的框架提出了一些其他机制，Kong 和 Schoenebeck[4]进行了一种设定，在这种设定中智能体提供多个答案，并且表现出了关于这些机制的相关协议类别的泛化能力。

Kamble 等人[46]提出了两种机制用于同构与异构的智能体信念，异构信念的机制是具有相同属性的 PTSC 机制的变体，并且需要自我预测条件来保持。

对于同构的智能体信念，他们提出了一种测真机，即无论智能体观察有多么大的偏差，只要它们在观察和现象状态之间共享相同的混淆矩阵（例如，参见 1.3 节和图 1.7）。但是，该机制要求每组非常相似的任务由大量智能体进行评估。

机制 5.4 展示了这种机制。聪明的想法是，f_i反映了答案自相关的程度，并且它直接从智能体的答案中获得，这允许该机制了解智能体的报告偏差，并在激励中使用它们以确保真实的均衡。但是，要使此学习机制可行，所有智能体必须共享相同的报告偏差。

5.5 应用

5.5.1 同行评分：课程测验

同行评分是一种对学生练习有效评分的技巧，特别是在很大的班级或在线课程中。学生对几个同学的作业或考试进行评分。正如众包一样，学生没有理由认真地执行任务；事实上，为了影响班级的平均成绩，他们甚至会有意提供错误的结果。

为了应用 PTSC 机制，需要制定评分任务以使其具有离散且可比较的答案空间。要评分的任务是关于编程的，并且包括两类问题：填写缺失的代码行，或在给定的代码段中查找错误。每项任务都可以获得三个评分中的一个：正确的和两种不同的错误，这些错误已清楚地向参与者解释了（见图 5.3 和图 5.4）。

通过将其与专家评分员的评分进行比较来评估评分质量，专家评分员被视为真实数据。除了 PTSC，Huang 和 Fu[27]的同行确认方案（如果答案匹配则不断奖励）中每个答案的不断奖励被用作奖励机制。也就是说，将 48 名学生分成 3 组，每组 16 名，每组由一个单独的机制进行奖励；两个学生不执行任务。每个学生对其他四个测验问题进行评分。表 5.3 和表 5.4 显示了通过不同机制获得的错误率，以及在比较答案分布的 t 检验中获得的 p 值。可以看到 PTSC 机制的效果明显强于输出协议，几乎将错误率减半。

机制 5.4　Kamble 等人的测真机[46]

1. 中心向智能体 $A=\{a_1,\cdots,a_k\}$ 提供一组类似的任务 $\tau=\{t_1,\cdots,t_m\}$，以便每个任务由多个智能体解决；a_i报告对于任务 t_j的数据 $y_{i,j}$。

2. 对于每一个值 $x\in X$：

- 对于每个任务 t_j，选择由两个不同智能体获得的两个报告 $y_{l,j}$和 $y_{k,j}$，并且计算：

$$f_i^j = \mathbf{1}_{y_{l,j}=x_i}\cdot\mathbf{1}_{y_{k,j}=x_i}$$

如果 $y_{l,j}$和 $y_{k,j}$都等于 x_i，$f_i^j=1$，否则$f_i^j=0$。

- 计算：

$$\overline{f}_i = \sqrt{\frac{1}{m}\sum_{j=1}^{m} f_i^j}$$

• 选择一个缩放因子 K 并固定支付

$$r(x_i) = \begin{cases} \dfrac{K}{f_i} & f_i \notin \{0,1\} \\ 0 & f_i \in \{0,1\} \end{cases}$$

3. 为了奖励智能体 a_i 在任务 t_j 上的答案 $y_{i,j}$，选择在任务 t_j 上另一个不同的智能体所产生的答案 $y_{l,j}$，如果答案相匹配，即 $y_{i,j}=y_{l,j}$，用 $r(y_{i,j})$ 奖励 a_i，否则 a_i 不会获得奖励。

5.5.2 群智传感

每个传感器的奖励 另一项评估是针对斯特拉斯堡市的群智传感测试平台进行的，之前已经使用它来评估简单的 PTS 机制，现在只将测量值离散化为四个值。在这个应用程序中，使用 PTSC 不仅解决了机制不知道正确 R 的问题，而且还消除了智能体通过串通总是报告具有最高收益的值来获得收益的可能性。

与之前的实验一样，该场景在斯特拉斯堡市上方布置了 116 个传感器（布局见图 3.8）。将连续值空间离散化为四个不同的值，并模拟以下智能体策略：

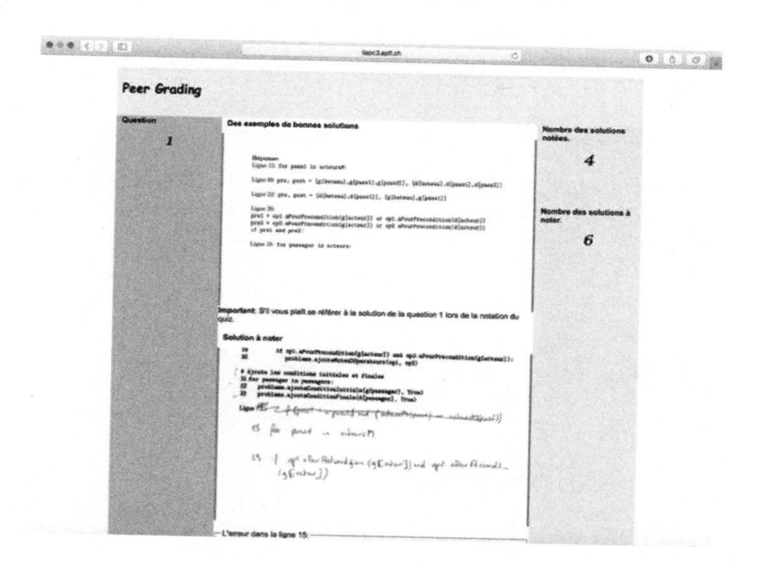

图 5.3 同行评分实验：第一类的分配

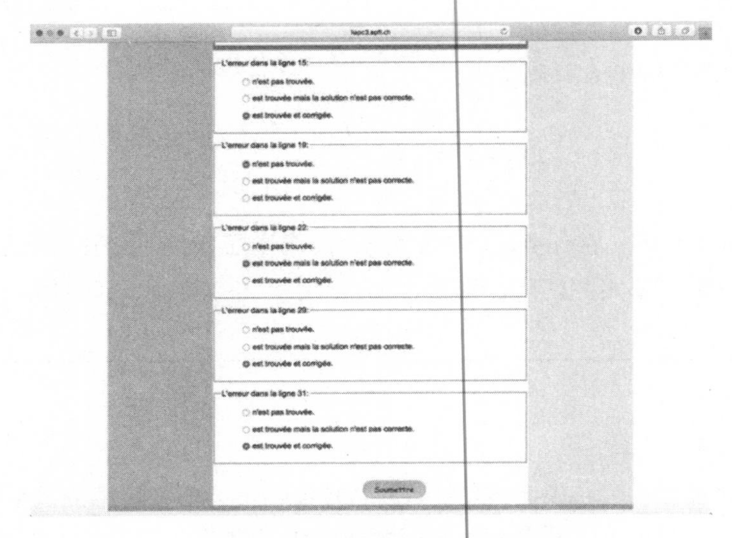

图 5.4　同行评分实验：第二类的分配

表 5.3　三种不同机制的平均错误率

机制	学生数	错误率
PTSC	16	6.88
OA	16	10.48
恒定	14	11.98

表 5.4　通过 t 检验获得的 p 值用于通过三种不同机制获得的答案分布

机制	PTSC	同行一致性	常量
PTSC	—	0.0255	0.0497
OA	0.0255	—	0.5566
恒定	0.0497	0.5566	—

1）诚实：准确度量并诚实报告观察结果。

2）不准确的报告：在减少的值空间上串通，将低和中映射到低，将高和很高映射到高，这种模型的智能体起到的作用较小，因此会获得不准确的度量。

3）串通一个值：所有智能体串通报告相同的值。

4）随机：所有传感器随机报告。

图 5.5 显示了四种策略中每种传感器获得的平均奖励。可以看到随机或串通报告的确认不使用任何有关测量的信息，这确实导致平均奖励为零。还可以看到准确性得到回报，因为具有较低解析度的报告的策略也具有明显较低的奖励。

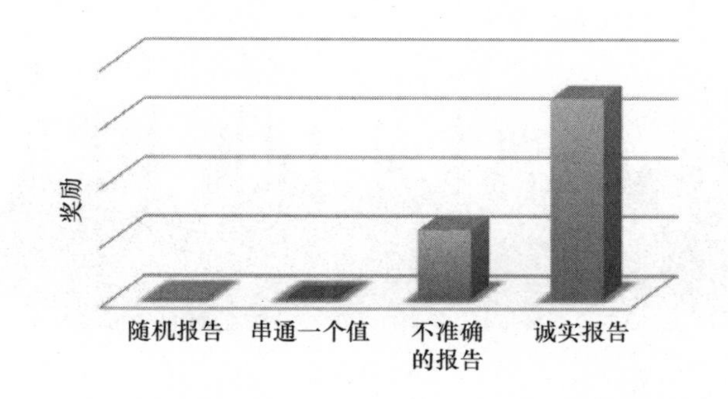

图 5.5　斯特拉斯堡市模拟中针对不同智能体策略观察到的平均收益

然而，传感器的收益差异很大，这取决于传感器所在位置的污染水平。图 5.6 显示了每个传感器并排获得的平均奖励。图中显示了两种策略：诚实策略和随机策略。可以看到，对于每个传感器，诚实报告策略的平均收益明显高于随机策略的平均收益，因此该方案不仅适用于期望，而且适用于每个单独案例。

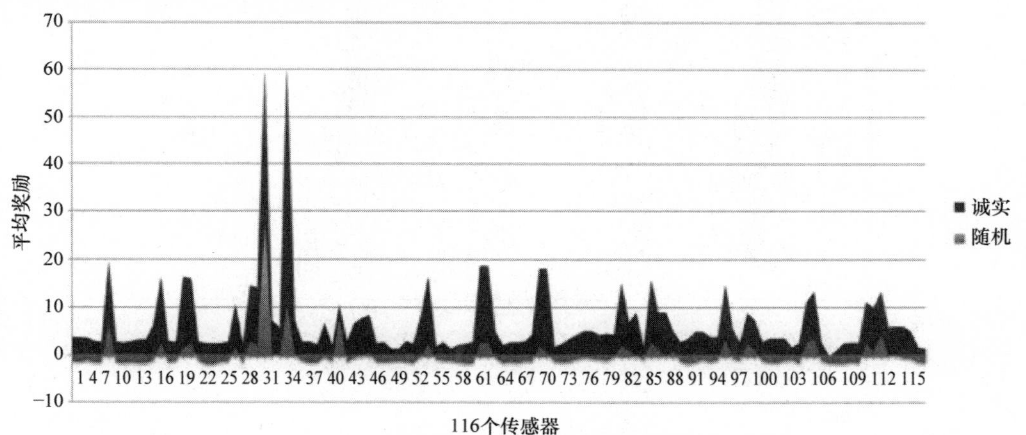

图 5.6　116 个传感器静态时的平均奖励

注意，根据传感器位置所得的预期收益存在很大差异：某些传感器获得的奖励远高于其他传感器。这是由于 PTS 机制对在不确定位置进行的测量提供了更高的奖励。激励自我选择非常有用，这样可以使智能体将它们的传感器定位在向中心提供最新信息的位置。

为了进行比较，图 5.7 显示了在 116 个位置之间随机改变位置的传感器的两种策略的奖励分布；它们可以被认为是在城市中移动的移动传感器。可以看到奖励更均匀地分布，同时与真实的传感器保持非常一致并具有很高的优势。

如前面部分所述，通过使用 Log－PTS，可以放宽对自我预测条件的要求。然而，这种放宽是有一定的成本的——新的要求是同行的数量很大，在群智传感场景中暗示每个传感器具有更多的邻居——这与 PTSC 相反，PTSC 仅需要一个同行。而且人们可以证明，在给定众多同行时，Log－PTS 在群智传感中确实表现出与 PTSC 类似的激励属性[45]。

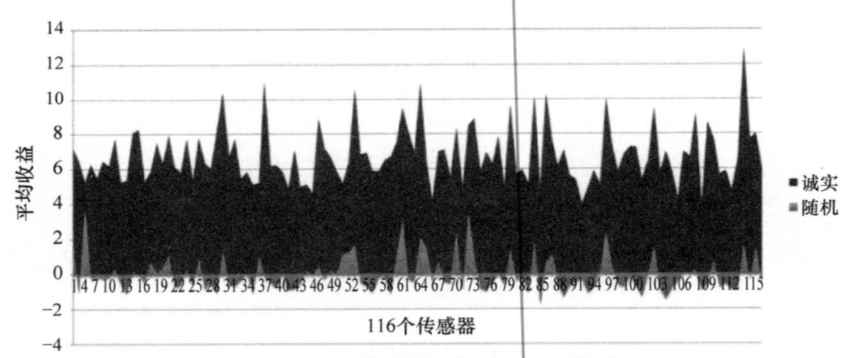

图 5.7　116 个传感器在移动时的平均收益

有趣的是比较传感器数量减少时两种机制的表现，无论是总体规模还是可用同行数量。[⊖] 图 5.8 显示了 PTSC 和 Log－PTS 针对不同数量的传感器和同行以及三种不同策略所产生的分

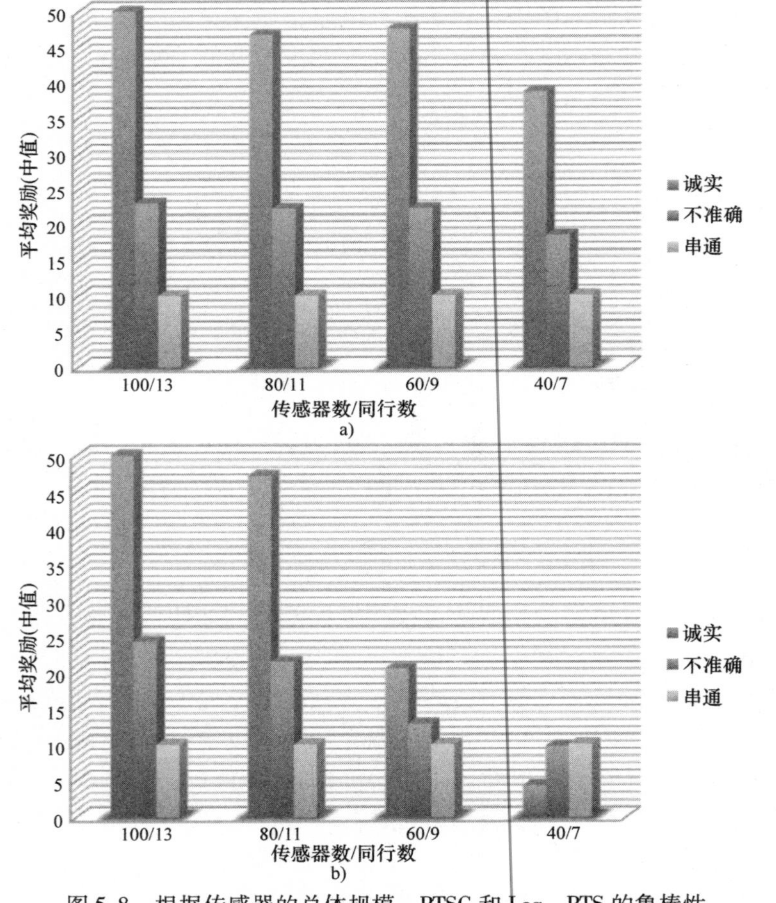

图 5.8　根据传感器的总体规模，PTSC 和 Log－PTS 的鲁棒性

⊖ 这两种机制都使用所有可用的同行来计算分数。在 Log－PTS 的情况下，使用同行的报告来计算数量 L_i。在 PTSC 的情况下，我们只是简单在所有同行之间计算平均分数。——原书注

数：诚实报告、串通一个值和不准确的报告。

随着传感器和同行的数量减少，Log - PTS 对于不知情和不准确的报告变得不那么鲁棒，也就是说，真实报告的平均得分与误报策略之间的差异减小。一旦传感器的总数大约为 40 并且同行数量大约为 7，则 Log - PTS 不再显示其理论属性。最高收益的策略反而是串通。相比之下，PTSC 在更高的稳定性下保留其特性。因此，虽然 Log - PTS 适用于具有密集的众测传感器网络的群智传感场景，但 PTSC 对于偏离这种情况更加鲁棒，并且即使当众测传感器网络相对稀疏时也适用。

第 6 章 预测市场：结合启发和聚合

当多智能体对某个值进行预测或估计时，我们会根据它们的置信度来衡量这些信息。然而，这种置信度必须要以某种方式来引出——智能体可能希望具有强烈的影响力，从而过度宣称它们的影响力。“预测市场”的想法是使智能体按照其置信的比例来承担风险，因此对总体信息产生更大的影响就需要承担更大的风险。

预测市场以金融市场为模型，在预测市场中，智能体通过购买“证券”来表达它们的预测，这些“证券”将在真实数据 g 变为已知时进行支付。当用变量 x_1，…，x_N来引出现象 X 的预测时，如果真值被证明等于 x_i，则每个结果 x_i将有一个证券为其支付 1 美元，否则没有。

在每个时间点，每个证券都有一个市场价格 $\pi(x_i)$。当智能体购买证券 x_i时，价格就会上涨，因此共识概率就会增加。每当智能体认为 $\pi(x_i)<q(x_i)$时，智能体购买证券就是合理的，因为价格低于预期的支付价格 $q(x_i)$。同样，当价格高于 $q(x_i)$时，一个理性的智能体就会卖出证券。因此，当 $\pi(x_i)$是 $\Pr(g=x_i)$的共识概率估计时，市场价格就处在一个竞争性平衡状态。

这里的原则是指更大的投资将会带来更大的影响，但是如果结果不如预期，也会相应地增加风险。当智能体预算有限或者想要规避风险时，它们会将资源投入到最有信心的地方。因此，预测市场往往会给那些更有信心的智能体带来更高的权重（见图 6.1）。

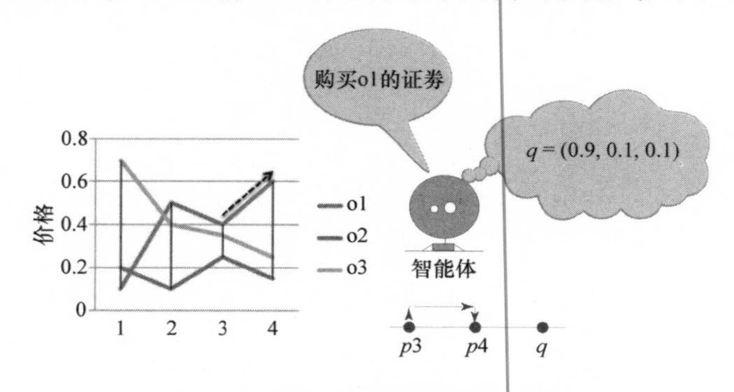

图 6.1　从智能体的角度看预测市场

多年来一直处于运营状态的预测市场的例子是艾奥瓦州电子市场[47]。图 6.2 显示了 2008 年美国总统大选中两位候选人市场价格演变的一个例子。在最近所有的选举中，这个市场比民意调查更准确。

很容易看出，还有许多其他场景可以应用这样的市场：例如，预测项目何时完工、新产品是否会成功或者是否会有更多的石油需求。然而一个主要的问题是交易证券需要许多积极的参与者。对于总统大选来说，人们总是有很大的兴趣，因此任何愿意购买或者卖出证券的人都会在短时间内与某人进行交易。然而，对于更多特殊的问题，可能没有很多其他的交易者，因此市场可能是沉闷的。

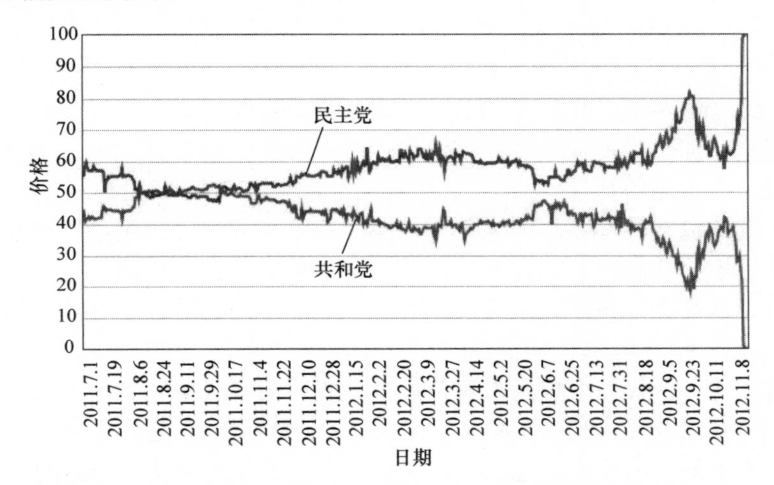

图 6.2　2008 年美国总统大选中民主党和共和党候选人的价格演变

出于这个原因，大多数的预测市场都会使用一种称为自动化做市商的人工交易对手。这些智能体会承诺随时以任何价格与任何交易对手进行交易。在实践中，它们只是生成或消除它们交易的证券。主要的问题是出售和购买的价格应该是多少？

正如在第 5 章[52,53]中所看到的那样，通过使用评分规则找到了对这个问题的巧妙回答。这里的想法是通过适当的评分规则对当前市场价格所表示的分布质量进行评分，并在其知晓时应用于真实结果。通过购买或出售证券来改变价格的智能体的奖励应该等于它改变这一分数的金额：如果得到改善，智能体应该期望积极的回报，否则就是消极的回报。通过这种方式，分配的分数在参与分配的智能体之间以公平的方式分配。

可以通过选择基于评分规则的价格函数来实现这样的原理。首先考虑一个只有一种证券的简单市场，如果出现 x_i 则支付 1，否则支付 0。智能体可以交易任何数量的此种类型的证券。假设市场中的其他智能体持有 n 个证券，那么令 $\pi(n)$ 为买入/卖出无限小数额的价格。

基于对数评分规则设计了做市商，这对于预测市场已经变得非常普遍。假设智能体认为结果 x_i 的真实概率是 $\pi^*(x_i) > \pi(x_i)$。因此，买入 m 个证券并使价格上涨到某个值 $\pi(n+m) = \pi' > \pi(n)$。那么这个价格应该是多少？

考虑到上面概述的分数分配原则，如果结果确实是 x_i 的话，其利润应该用评分规则 $Sr(Pr, g)$ 来确定为 $Sr(\pi', 1) - Sr(\pi, 1)$：

$$m - \int_{n}^{n+m} \pi(\mu)\mathrm{d}\mu = \mathrm{Sr}(\pi(n+m),1) - \mathrm{Sr}(\pi(n),1)$$

取 m 的导数，得到

$$(1 - \pi(n)) = \frac{\mathrm{dSr}(\pi(n))}{\mathrm{d}n} = \frac{\mathrm{dSr}}{\mathrm{d}\pi}\frac{\mathrm{d}\pi}{\mathrm{d}n}$$

使用对数评分规则，$\mathrm{Sr}(\pi) = b\ln\pi$ ，得到价格函数

$$\pi(n) = \frac{\mathrm{e}^{n/b}}{\mathrm{e}^{n/b} + 1}$$

式中，b 是一个流动性参数，用于确定每股的价格变动幅度。如果有很多参与者，或者他们愿意投入大量资金，那么流动性参数应该很高。另一方面，如果它太高，那么智能体就不能充分变动价格以获得合理的估计。

除了设置正确的流动性参数的困难之外，一个基于对数评分规则的自动化做市商的问题是证券的价格永远不会达到 1 并且会反映出某个特定的结果：当价格接近 1 时，获得收益需要购买巨额证券，从而会承担巨大的风险。因此，这些市场最适合于具有非常不确定性结果的问题。

如果认为智能体一个接一个地到来并且每个智能体买卖股票直到价格与它们自己的意见相符，那么市场将会波及并且从不实际汇总来自多个参与者的信息。但是，如果交易者认为他们只观察到该现象的有限样本，他们应该在形成自己的意见时考虑当前的市场价格。

如果他们使用式（1.1）中的贝叶斯更新，将形成他们自己意见和市场的加权平均值。诸如 Abernethy 等人的研究[54]表明，当智能体认为观察到的样本按指数分布，并进行频率论信念更新时，市场确实会有一个均衡，即智能体就共同的平均值达成一致，而每个人都有一个基于他们自己样本的略微不同的观点。在这些条件下，预测市场因此获得与汇总真实观察报告的中心相同的结果，例如在同行一致性中。

使用与上述相同的原则，可以利用任何适当的评分规则构建自动化做市商。经常使用对数评分规则的原因是，它是唯一适当的评分规则，它保证了组合预测的一致性价格。例如，可以想象一个市场不仅有总统选举的证券，还有国会选举的证券，以及两个选举结果的组合。例如，“民主党候选人赢得总统选举，但国会中的多数党是共和党。”如果智能体只为总统选举购买证券，这也应该会影响到组合证券的价格。对数评分规则正确地模拟了这一点；有关详细信息，请参阅 Hanson 的研究[52]。

预测平台 已经在第 3 章中提到过 Swissnoise 平台。它以虚拟资金作为预测市场运行，并且具有对数评分规则做市商。每个参与者积累的虚拟资金都显示在排行榜中，每周利润最大的参与者都会获得一份小礼品证书。

由于预测市场需要可靠的结果，所以问题受到限制，因此无法提出假设性问题（“如果…会发生什么”）。

图 6.3 显示了一个界面的屏幕截图，以及哪个团队将赢得 2014 FIFA 足球世界杯的示例问题。在此屏幕截图中只剩下四个球队，图中的曲线显示了最近几天的价格演变。

如果要下注，参与者将选择一种可用的证券。图 6.4 展示了这一示例问题，参与者已经

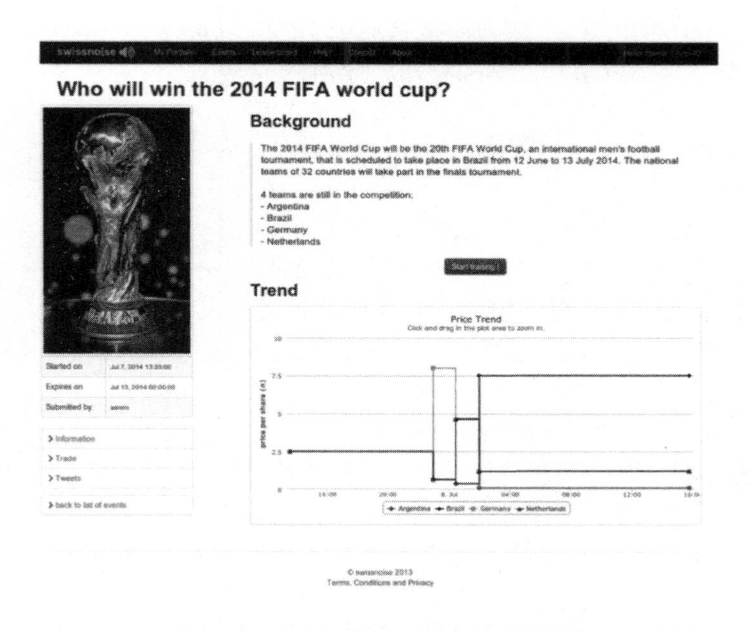

图 6.3　Swissnoise 预测市场的示例问题

在结果中选择了“德国”（谁是比赛的最终赢家）。一旦选择了证券，参与者就与决定价格的做市商进行交互。这是最抽象的部分，因此也是最难理解的部分。为了支持它，Swissnoise 展示了一个交互式滑块，它可以看到与购买一定数量证券相关的价格演变（见图 6.5）。通过移动滑块，可以看出根据做市商使用的评分规则购买一定数量的证券份额的成本。

图 6.4　在 Swissnoise 平台上下注

Swissnoise 平台的设计被用户认为非常具有吸引力，并导致了稳定的参与率。但是，可以注意到这种预测市场存在两大难题。首先，要确定流动性参数的正确数值非常困难。如果设置得太小，则会出现巨大的价格波动，并且市场不会估计出任何有意义的概率，而这很容易在问题获得普及并吸引更多交易参与者的情况下发生。Garcin 和 Faltings[55] 分析了平台上运行的三个不同问题的最优流动性参数，并表明它们非常不同：三个不同问题分别为 25、480 和 1250。由于参数在运行市场时必须保持不变，因此很难确保其设置为一个恰当的数值。

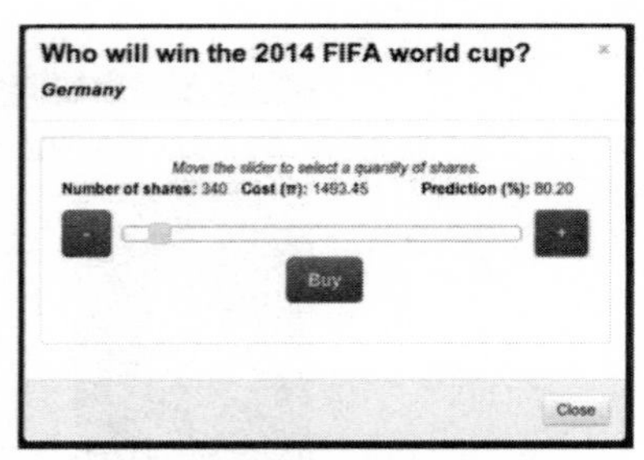

图 6.5　与做市商进行交互

第二个问题是，一旦市场达到特定结果的极高概率，参与者就没有兴趣继续持有相应的证券：以当前价格出售它产生的利润几乎与持有到最后所获得的利润相同。另一方面，早期出售证券所获得的利润可以投资于其他答案尚不清楚的问题，并会导致更高的价格。然而，对于市场而言，这种销售不能与参与者改变对结果的看法相区别，这进一步导致价格不稳定。

因此，Garcin 和 Faltings[55] 观察到预测市场倾向于产生大幅的价格波动，使得预测不同结果概率的理论观点几乎毫无意义。一个例子如图 6.6 所示，这显示了 2014 年苏格兰独立公投预测的演变。

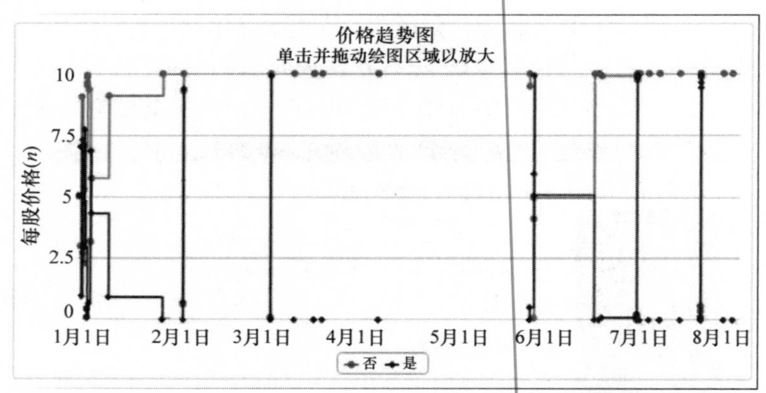

图 6.6　使用具有对数评分规则的做市商，关于苏格兰独立公投是否会成功的问题的价格演变

Abernethy 和 Frongillo[50] 展示了如何利用预测市场的机制进行激励兼容的协作学习，其中智能体根据学习结果的不同假设进行预测，并根据它们在测试数据上的预测表现进行评分。这种机制可以激励智能体真诚地合作，形成最佳的共识学习成果。

Frongillo 等人[51] 展示了如何从答案本身推断出一个智能体对预测的置信度。然后可以使用这种置信度将答案聚合成折中聚合，该聚合反映每个智能体的置信度。

作为结束语，请注意本节仅提供有关预测市场的简要概述。总的来说，有大量关于预测市场的文献，涵盖了使用预测市场框架的信息引出的不同方面。然而，本节提供了该框架的基本见解，并将其与聚合引出数据的问题联系起来。

第7章 受影响力激励的智能体

使用贡献数据的一个重要问题是，一些智能体可能对货币激励措施不敏感，而不采用人们期望的合作策略。这主要发生在两种情况下：第一种情况是故障智能体，它们虽尽最大努力进行合作但仍提供不正确的数据；另一种情况是恶意智能体，主要是通过插入虚假数据来影响基于数据的决策，例如隐藏脏数据或影响基于数据的决策。参照容错计算中广泛采用的做法，通常将故障智能体视为是恶意的，以获得最坏情况下的保证。

对于恶意智能体而言，游戏是不同的：除了关心获取数据的成本，智能体还关心它们对从中心获得的学习成果的影响。由于这种影响通常比成本更重要，以及为了简化技术，假设它们只关心对结果的影响。

为了分析这种影响，中心使用的聚合器更广泛地说，学习算法是至关重要的。默认情况下，通常考虑贝叶斯聚合，在简单数据点的情况下，贝叶斯聚合对应于形成一个平均值。

类似于货币激励，将案例分为已知真实数据的案例和未知真实数据的案例。

首先考虑可以验证或在以后知道真实数据的情况，这种与真实数据的比较可用于维持信誉，该信誉决定了智能体报告的数据对聚合结果的影响。因此，可以通过称为影响限制器的过程来约束智能体对学习结果产生的影响。

未知真实数据的情况更具挑战性。一般来说，这意味着数据聚合成为一种协商，不同的数据提供者为达到自己的理想效果均试图对学习结果产生影响，而真实数据实际上并不重要。这种情况可以使用解决社会选择问题的技术进行分析，但由于它不再与数据相关，因此在此不再赘述。

对于某些情况，存在激励兼容机制，其中智能体通过报告适合自己理想模型的数据来获得最佳影响。这时存在一个有趣的应用，即当智能体各自对数据有不同的观点时，如果中心采用的模型与它们的理想模型相近，将获得最好的服务。例如，如果智能体报告餐馆供应的食物质量，他们可能会认为不喜欢的食物将从菜单中消失，而喜欢的食物可能更频繁地出现。将在后面讨论这种情况。

7.1 影响限制器：真实数据的使用

虽然无法消除恶意智能体的出现，但可以通过信誉系统限制其对学习模型的负面影响，下面将对此方法进行详细阐述。该方法基于最初为打击推荐系统中的欺诈而开发的想法[56]，这里保留了其原始名称“影响限制器”。

图 7.1 显示了影响限制器中假设的场景。智能体按时间顺序报告数据，依次为智能体 1、智能体 2、智能体 3，中心根据实时所接收的数据依次生成新的聚合模型 1、模型 2、模型 3，这些模型可以是平均值，也可以是通过机器学习算法获得的复杂模型，它们可用于估计与该现象相关的所有变量的值，同时可能借助于插值来估计。

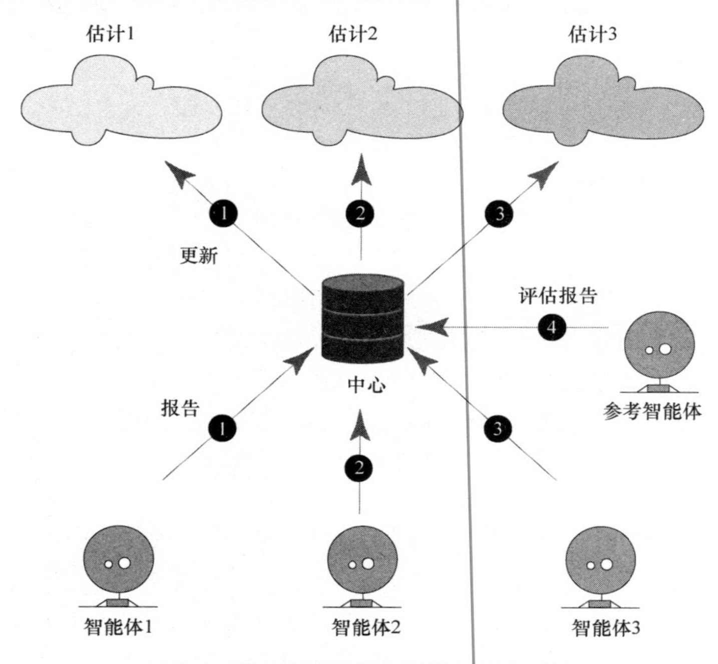

图 7.1　影响限制器的假设数据聚合设置

有时，中心会获得某一现象的某些观察变量 X 的真实数据 $g_t(X)$。因为预测可以验证或者可获得可信的测量结果，因此可以通过比较真实数据为相应变量提供的估计来评估其聚合模型的质量，同时，也可评估从某一智能体 i 收到的数据实际上提高聚合模型质量的程度，从而评估数据本身的质量。

更确切地说，假设在合并从智能体 i 接收的数据之前，模型预测观察变量 X 的分布为 $p(X)$，在合并数据之后，X 的分布变为 $q(X)$。中心使用 X 的参考测量值 g_t 上的适当评分规则 Sr 来评估模型的改进：

$$\text{score}_t = \text{Sr}(q,g_t) - \text{Sr}(p,g_t) \in [-1, +1]$$

因此，获得了与预测市场类似的机制，即根据智能体提供的数据对模型质量的贡献程度按比例对智能体进行奖励，实际上也可以将其作为一种激励方案。

但是，在影响限制器中，更倾向于使用此信息来限制智能体可能对学习结果产生的影响。为此，将为每个智能体分配一个信誉值，并且使智能体对模型的影响取决于此信誉。

对智能体的影响进行如下定义。

定义 7.1　在某一 t 时刻对于智能体 i，$o_{-i,t}$ 表示智能体报告之前的聚合输出，$o_{i,t}$ 表示智能体报告之后的聚合输出；智能体 i 的影响被定义为 $\text{influence}_{i,t} = \text{Sr}(o_{i,t}, g_t) - \text{Sr}(o_{-i,t},$

g_t)。智能体的总影响力是其在不同时期的影响之和。

注意，此定义允许聚合机制丢弃智能体的报告，在这种情况下，智能体的影响等于0。聚合机制可以决定是否随机包含智能体的报告，在这种情况下影响是模型质量改变的预期值。

这里的主要目标是设计一种限制智能体负面影响的聚合机制，根据定义7.1，这就意味着智能体的总影响力应该是有下限的。如果简单地丢弃所有报告，这个目标很容易实现，但是，这样做也会遗漏一些智能体对学习过程产生积极影响的信息。因此，要确保从具有正面影响力的智能体中丢弃的信息是从上面限制的。为了量化在这种情况下聚合过程的性能，引入了信息丢失的度量。

定义7.2 假设智能体 i 预期会产生积极影响，将因潜在丢弃智能体 i 的报告而造成聚合机制的信息丢失定义为 $E[\text{score}_{i,t} - \text{influence}_{i,t}]$。与智能体 i 相关的总信息损失是不同时间段内信息损失的总和。

信誉系统 信誉是防止人类社会不良行为的一个众所周知的因素。事实上，不合作行为导致信誉不佳，因此将来会受到惩罚，这一事实抵消了欺诈和恶意行为的自然诱惑，而这种诱惑在许多互动中无处不在。这种信誉效应在分布式计算中也被广泛利用以奖励合作智能体。

在数据聚合中使用信誉的一般方法是阈值化，智能体提交数据需要求其信誉超过最小阈值，否则将被忽略。如今，最常用的方法为 β 信誉系统[57]，在时间 t 处计算智能体的信誉，即在时间 t 前的"好"交互 α_t 与"坏"交互 β_t 的比例：

$$\text{rep}_t = \frac{\alpha_t}{\alpha_t + \beta_t}$$

式中，$\alpha_t = \alpha_0 + \sum_{s \in \{\text{score}_\tau > 0\}} |s|$；$\beta_t = \beta_0 + \sum_{s \in \{\text{score}_\tau > 0\}} |s|$。

但是，通过迭代以下步骤，恶意智能体可以轻松地操纵上述方案并对聚合模型施加任意程度的影响[58]：

1）提供不会改变模型的良好数据，从而建立良好的信誉；

2）使用此信誉插入确实会更改模型的错误数据。

因此，尽管上述方案对于故障智能体是有效的，但它们并不能解决恶意智能体的问题。

随机影响限制器 刚刚描述的攻击方案表明，智能体的信誉不应该基于所提供数据的质量，而是应基于它对学习模型的影响，这正是之前概述的评分方案所提供的思想。

在影响限制器中，根据智能体为数据聚合贡献的数据获得的分数，通过增量式的信誉更新来计算智能体的信誉：

$$\text{rep}_{t+1} = \text{rep}_t \cdot \left(1 + \frac{1}{2} \cdot \text{score}_t\right)$$

使用此更新方法，信誉将以指数级增长或降低，这使得分比在通常使用的 β 系统中具有更强的效果。最初智能体具有共同的初始信誉 rep_0，在每次提交数据时对信誉值进行更新，如果此时没有观察结果可以评估模型质量，则延迟更新。

还可通过随机信息融合代替阈值化方案，即当若干智能体的信誉高于阈值时，并不接受所有数据，而是随机地以概率$\frac{\text{rep}_t}{\text{rep}_t+1}$接受信誉值为 rep_t的智能体的数据。

机制 7.1　随机影响限制器机制

初始化：对所有智能体 a_i赋予相同的初始信誉值，即令 $\text{rep}_0(i)=p$，中心具有该现象的初始模型。

在每个时间段 t，中心按顺序接收来自智能体的报告，并按如下方式更新模型：

1）中心初始化模型 $M_t=M_{t-1}$。

2）中心从智能体 a_i收到报告 x_i，并通过合并 x_i构建一个暂定的更新模型 M_t^i。

3）中心设置 $M_t^{-i}=M_t$，并以概率$\frac{\text{rep}_t(i)}{1+\text{rep}_t(i)}$更新 $M_t=M_t^i$。

4）在收到可靠的数据 x_g 点后，中心评估模型 M_t^i 并获得分数 $S(M_t^i,x_g)$，计算智能体 a_i 的报告得分为 $\text{score}_i=S(M_t^i,x_g)-S(M_t^{-i},x_g)$。

5）中心将信誉 $\text{rep}(i)$ 更新为 $\text{rep}_{t+1}(i)=\text{rep}_t(i)\left(1+\frac{1}{2}\text{score}_i\right)$。

对于最终的机制 7.1，可得到两个重要的性质[59]。

定理 7.3　使用随机影响限制器机制，任意智能体对聚合模型的总体预期影响是以 $-2\cdot\text{rep}_0$ 为下限，但智能体的总影响不会过于消极；另外，由此产生的信息损失上限为一常数值（详细解释见参考文献［59］）。

因此，任何恶意智能体的影响都是有限的。但这种限制是有代价的，因为每个数据项都是以一定概率丢弃的。所以，第二个性质也很重要。

减少参考答案需要　随机影响限制器要求人们可以评估每个数据元素对模型质量的大致影响，这需要访问正确的参考答案以评估模型的质量，是否有灵活的技术可以减少使用的参考答案的数量？

在所提出的模型中，任何与报告数据随机相关的数据点都可以用作参考答案，因此只要保持对所提供数据的充分覆盖，就可以减少不同数据点的数量。然而，由于参考答案很少，随机相关性将变弱，因此评估将变得更加不稳定。

另一种可能性是，类似于众包中的黄金任务，将信誉系统仅应用于可获得相关参考答案的数据子集，由于智能体不知道哪些数据正在评分，它们无法设计策略来对抗该方案。因此只要保持评估选择的方案不泄露，便可达到减少使用参考答案的目的。

对于众包平台，Shah 和 Zhou [60] 提出了一个方案，其中对于每个正确回答的黄金任务都将其奖金加倍，然而一旦回答错误就会使其奖金降至零。当工作人员对答案没有足够的信心时，这会激发他们跳过任务。该方案与影响限制器非常相似，只是评估不是基于对模型的影响，而是应用于有限批任务。其独特之处在于为仅提供错误数据的智能体提供尽可能低的报酬，但是，它不会对模型的影响提供任何保证。

在 Shah 和 Zhou 的研究[61]中，同样的作者以下列方式扩展了这个方案：工作人员可看到同一个任务中同行工作人员的答案，并允许相应地改变他们的答案。在模拟实验中表明，这可以指出工作人员无意导致的错误，从而提高了结果的质量。

Steinhardt 等人[62]推导出一种方案，可以最大限度地减少在众包设置中隔离最佳质量答案所需的参考答案数量。这是影响限制器的另一种方法，它提供了识别某些百分位数的最佳答案的相对保证，但不能绝对保证答案或结果模型的准确性。

在群智传感中的应用 为了评估影响限制器的实际性能，Radanovic 和 Faltings [59]对群智传感情景进行了模拟研究，如图 7.2 所示。

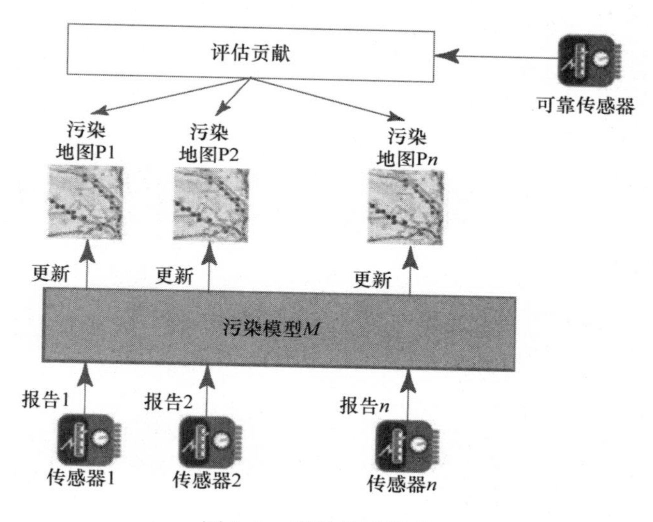

图 7.2 群智传感情景

他们比较了两个信誉系统：

- CSIL—随机影响限制器；
- BETA—测试版信誉系统。

斯特拉斯堡市的污染模型上对群智传感影响限制器的性能进行了评估，该模型已在第 3 章（见图 3.8）进行了解释。此次评估重点讨论了如何使用群智传感随机影响限制器（CSIL）在具有 40 个移动众测传感器的（模拟）场景中来对抗恶意智能体，其中 75% 的人使用以下策略进行恶意攻击：

1）变化—最初如实报告，然后开始只报告低污染水平。

2）欺骗—当信誉低于某一阈值时如实报告，否则报告低污染水平。

3）变化和欺骗—最初如实报告，然后根据欺骗策略继续进行报告。

4）覆盖—变异和欺骗策略的更复杂版本，恶意传感器只有在测量到足够高的污染水平时才会误报。

对于影响限制器，使用二次评分规则并与常用的β信誉系统进行比较。图 7.3 显示了信誉系统对这些策略的实证表现。可以看到，β系统可以有效地防止变化的攻击策略，但不能针对其他任何策略。事实上，它的经验性能往往比影响限制器所获得的理论最坏情况界限更差；另一方面，影响限制器的经验性能通常远低于理论界限。

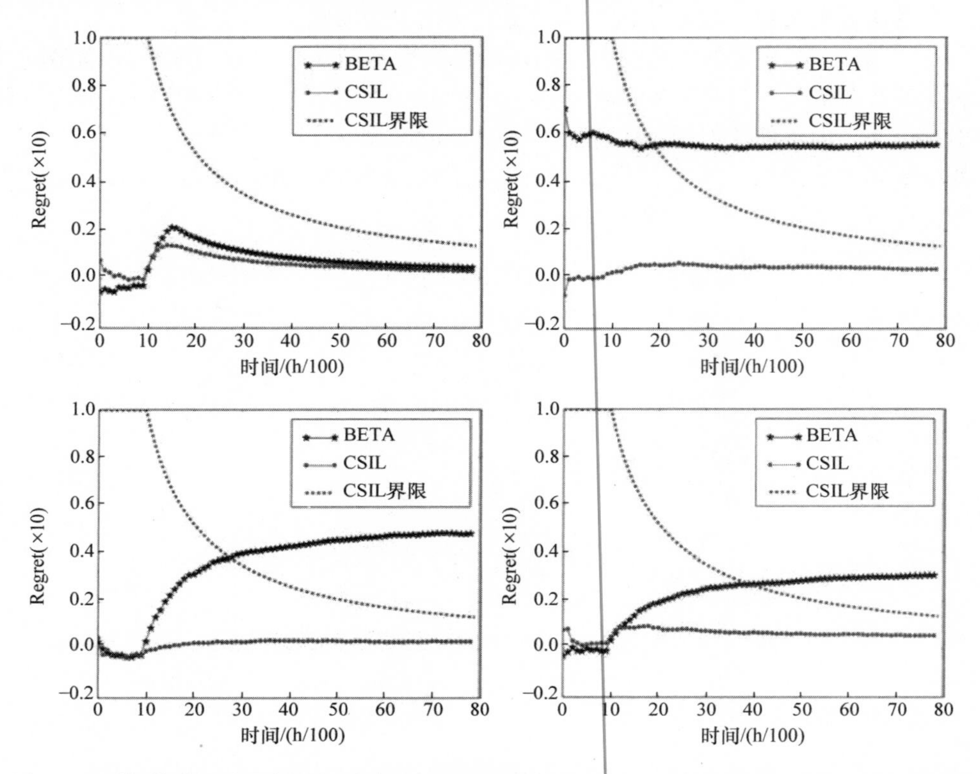

图 7.3　群智传感影响限制器经验表现与理论最坏情况界限和β信誉系统的经验性能比较图

7.2　当无法获得真实数据时的战略防御机制

在本节中，考虑根本无法获得真实数据的情况。当所有智能体都对中心获得的学习成果感兴趣时，没有理由认为真相应该是重要的；智能体的报告是意见而不是数据。但是，可以在智能体真实地报告其最中意的数据的角度考虑真实性。例如，如果中心询问智能体某一决策的不同结果对它们有多大帮助，那么中心可能希望收到的答案真实地代表其偏好。

Deckel 等人[64]、Meir 等人[65]和 Meir 等人[66]分别针对回归和分类的情况考虑这个问题，并表明对于某些情况，激励相容机制是可能的。这两种方法与我们描述优化目标不同：重点是优化智能体的偏好，这与引出正确数据的目标不同。

对于回归，Deckel 等人[64]分析了一种情况，其中每个智能体都希望最小化模型预测的个体损失函数及其自身的优选值。假设中心最小化报告数据的智能体的平均损失。

对于每个智能体仅对单个数据点感兴趣的情况，事实证明该设置仅对绝对损失函数是激励兼容的，即每个智能体希望最小化其优选值和模型预测之间的差值。注意，使平均线性损失最小化的模型将使预测等于智能体报告值的中值。

该模型的另一个变体是假设智能体有兴趣在一系列点上最小化预期损失，以及假设均匀分布。考虑到损失函数是线性的，要学习的模型是一个常量函数，它为每个点返回相同的值。有了以上限制后，将很难出现完全符合智能体偏好的模型。事实证明，智能体有兴趣将它们最中意的值投影到允许的模型上，即向所有数据点报告相同值，并向中心报告这些值。为了消除这种激励，中心可以对它们应用此预测，然后计算所有这些预测的最佳组合模型。事实证明，这种机制是激励相容的，并且在近似比为3时是有效的，即该解决方案永远不会比真实最优值更差3倍。

对于分类，Meir等人[65,66]分析了一个场景，其中每个智能体用正类和负类标签标记一组点，并且该信息用于学习为所有点分配相同类的分类器——类似于上面假设的常数函数的限制。在这种情况下，如果每个智能体将更多的点标记为正类而不是负类，则更偏向于正类，否则优先选择负类。他们建议的机制相应地将智能体标记为正智能体和负智能体，并通过多数投票获得共同标签，其中正智能体为其每个示例投票为正分类，负类智能体为每个实例投票为负分类。

Meir等人[65,66]表明以下机制是激励相容的，即智能体将真实地报告它们的标签，并且得到的分类器是对最佳分类器的3倍近似。同一篇论文还表明，对于相同的设置，随机算法可以实现2倍近似。

最后，简要提及一些在没有直接验证的情况下分析信息聚合的方向的文献。通常，拥有一个允许恶意用户的任意操作策略并输出准确聚合的强大机制是不可思议的。事实上，在最一般的情况下，人们只能希望输出包含准确聚合的聚合列表。Charikar等人[68]更详细地讨论了这种范例，他们提供了一种基于聚类的方法，其目标是检测来自可靠来源的一组报告。Charikar等人证明了这种方法的可靠性，并进一步将其与机制设计者可以使用一些可靠报告来区分哪些可能的聚合是正确的设置相关联。可以证明，在后一种情况下，只需要有限数量的可靠评级，就可以具有可证明的抗性聚合方法[67]。要求可靠报告的另一种方法是限制恶意智能体的百分比及其策略空间，例如，Dekel和Shamir[63]提出了一种基于支持向量机框架的算法，当大多数智能体提供准确的评级时，该算法可以应对恶意智能体，其中准确的报告被描述为来自公共分布的样本。与影响限制器算法相反，上述方法不考虑奖励在信息收集中的作用。

第8章 分布式机器学习

在前几章中看到的数据提取原理需要集成到一个完整的收集数据的系统中以获得一个模型。这涉及考虑如何找到信息智能体和它们如何与中心交互，以及中心如何将接收到的数据聚合到模型中。在本章中，将讨论在设计完整系统时出现的问题，以便满足激励机制的假设。

特别考虑以下问题：

- 数据提供者的选择和自我选择。我们所看到的激励技术也推动了数据提供者的自我选择，因为只有那些拥有有效数据的智能体才能获得净回报。然而，中心也会选择它想要获得的数据，以避免为冗余或无用的数据付出。一个相关的问题是确保报告智能体群体满足博弈论机制的假设。根据域的不同，数据提供者可能还存在隐私问题。
- 从博弈论分析中得到的激励必须转化为实际的支付方案。它们必须是可理解和可预测的，这样才能影响它们的行为，而且它们必须进行规模调整以便补偿成本。通常情况下，收取负回报也是不可行的。
- 在机器学习或建模技术中使用数据。通常，该模型可以用来提供更强有力的激励，并且激励可以与机器学习算法的损失函数一致。

8.1 管理信息智能体

确保数据质量的一个简单方法是仔细选择数据提供者，最好是自己收集所有的数据。在本书中将使一种截然不同的技术成为可能：数据提供者自愿参与的自我选择机制。为了让这种自我选择发挥作用，其中重要的一点是，该机制不应向那些未提供有效信息的智能体给予任何奖励，并对那些提供最有价值信息的智能体给予最大的奖励。

人们想要消除的是不需要观察现象就能得到的数据。这包括根据先验分布进行随机报告，总是报告相同的值，或者任何基于不同于想要观察的现象的信号来协调数据的方案。本书中描述的许多方案都能够将无信息策略的期望收益减少到零，而打算遵循此类策略的智能体对参与该平台没有兴趣。但是，这总是假设不协调的策略，其中每个智能体单独为特定的任务选择其操作。

团体动力学 大多数机制假设智能体只进行一种不重复的博弈。当在重复设置中使用时，智能体可能会试着扮演一个与激励机制的焦点均衡非常不同的粗相关均衡。例如，Gao等人[73]在重复博弈设置中应用同行预测机制的实验报告，而智能体学会了根据无信息均衡进行报告。

在重复博弈环境下，从复制动力学的角度分析激励机制的行为可能更合适，智能体根据早期博弈实例中观察到的收益来学习选择策略，Shnayder 等人[74]报道了这种分析。结果表明，虽然产出协定和同行预测确实容易受到无信息均衡的影响，在广泛的初始条件下，协作协议和同行测真机方案收敛于所需的真实平衡。

必须注意避免在智能体能够系统地与其同行智能体进行协调的情况下采取共谋策略。比如，如果所有报告智能体都通过对任务描述应用哈希函数来确定它们的答案，尽管没有提供任何信息，但对中心来说，这与真实的报告没有什么区别。

一种对抗协调的低质量策略的方法是使用可信的智能体，为随机选择的任务子集提供正确的答案。在混合机制中，智能体的报告将与其他智能体进行比较，或与可信报告相比较[69]。如果一个可信智能体作为同行的概率足够高，其他低质量的平衡可以被打破。然而，最近的研究表明，如果协调的低质量策略比合作策略提供更高的回报（例如，因为它不涉及测量噪声），使用简单的真值协议，而不是与同行一致性机制相结合作为真实报告的补充可能会更好[70]。

自我选择　在许多情况下，信息智能体会自己选择是否参与机制。因此，信息智能体和它们提供的关于这种现象的数据都是自我选择的。自我选择可能会受到参与者期望的激励因素的影响。人们特别希望鼓励智能体提供与之前值非常不同的数据，这样做精度会很高。另一方面，人们希望抑制那些提供不准确或已知数据的智能体。

表8.1示出了对于具有先验期望 P 并且通过测量获得了后验概率的智能体的不同机制的预期回报。可以看到，回报总体上随着先验概率和后验概率的差异而增加，从而促使人们关注不确定点的数据。唯一的例外是基于输出协议的固定回报的计划。然而，在这里，中心可以通过使常数依赖于数据的先验不确定性以产生这样的影响。

尽管所有方案都对报告不确定数据提供了激励机制，但它们这样做的程度不同，将在下面详细讨论。第二个目标是支持高精度。在这里，这些方案可能会有很大的不同。

为了了解激励机制的不同，考虑以下示例场景。为了评估激励机制的新颖性——在数据经常变化的点进行测量——将两点的激励与三个不改变的值进行比较，在相同的设置中，后验与先验表现出的值不同，并且概率分布被打乱：

$$P_1=(0.1,0.8,0.1)$$
$$Q_1=P_1$$
$$P_2=(0.1,0.8,0.1)$$
$$Q_2=(0.8,0.1,0.1)$$

为了评估更高精度测量的激励机制，将精度较低（三个值）的方案与精度较高（五个值）的方案进行比较：

$$P_3=(0.3,0.4,0.3)$$
$$Q_3=(0.1,0.8,0.1)$$
$$P_4=(0.1,0.2,0.4,0.2,0.1)$$
$$Q_4=(0.05,0.1,0.7,0.1,0.05)$$

结果见表 8.1 中新颖性和精度列，可以看到这些方案之间的巨大差异。

对于新的方案，当值不变时，所有机制的预期回报都为零——这是规范化的结果。但是，许多机制根本没有提供衡量价值变化的激励。这是因为这些机制通过不依赖于报告值的恒定偏移量，来根据先前的报告进行补偿。因此，预期的回报只取决于分布形态，而不是实际值。一个智能体报告一个不同的值，但是它的后验与之前有相同的形态，就像在新的情况下一样，因此得到的回报与先验报告的情况一样没有回报。

表 8.1　从智能体的角度比较不同机制下的预期回报。这些公式已经在相应章节中推导出来了。所有的机制都是按比例进行的，所以根据先验的报告不会带来任何回报。$H(P)=-\sum_x p(x)\log p(x)$（香农熵），$\lambda(P)=\sum_x p(x)^2$（辛普森多样性指数），$\gamma(x)=\frac{q(x)}{p(x)}-1$（置信度）

机制	预期回报	新颖性	精度
真值匹配（值）	$\max_x q(x)-\max_x p(x)$	0 与 0	0.4 与 0.4
真值匹配(对数规则)	$H(P)-H(Q)$	0 与 0	0.648 与 0.728
真值匹配(二次规则)	$\lambda(Q)-\lambda(P)$	0 与 0	0.32 与 0.28
输出协议	$\max_x q(x)-\max_x p(x)$	0 与 0	0.4 与 0.4
同行预测(对数规则)	$H(P)-H(Q)$	0 与 0	0.648 与 0.728
同行预测(二次规则)	$\lambda(Q)-\lambda(P)$	0 与 0	0.32 与 0.28
同行测真机	$\max_x \gamma(x)$	0 与 7	1 与 1.33
相关协议	$\max_x[q(x)-p(x)]$	0 与 0.7	0.4 与 0.4
面向众包的 PTS	$\max_x \gamma(x)$	0 与 7	1 与 1.33
对数 PTS	$D_{KL}(Q\parallel P)$	0 与 2.1	0.483 与 0.492
贝叶斯测真机	$D_{KL}(Q\parallel P)$	0 与 2.1	0.483 与 0.492
基于散度的 BTS(对数规则)	$H(P)-H(Q)$	0 与 0	0.195 与 0.221
基于散度的 BTS(二次规则)	$\lambda(Q)-\lambda(P)$	0 与 0	0.32 与 0.28

相比之下，在 PTS、CA 和 BTS 机制中，补偿取决于报告的值，这样它们就能区分出一个有噪声的观测值在哪里发生了变化而在哪里没有变化。但是请注意，当报告的数据比之前的数据有更高的确定性时，所有的计划都会产生有效的预期回报，从而促进参与。

对于高精度的情形来说，人们发现一些机制既不促进也不阻碍精度的提高：它们属于真值匹配、输出协议和相关协议。所有基于对数评分规则的机制和所有同行测真机都明确支持更高的粒度。然而，基于二次计分规则的机制实际上阻碍了它。

这些只是示例情形，没有一个通用的分析方法，因为没有一个很好的分类不同情形的方法。不过，也能从经验上观察得到这些影响。在污染传感的例子中，图 3.10 确实显示了同行测真机在不确定点比其他机制更倾向于激励测量。

其他问题　一个重要的问题是智能体是否知道对方的报告。如果它们知道，这就为共谋开辟了可能性，但同时这也让智能体有更多的同质信念，以便更好地适应机制。有些机制，比如 BTS，它会假设智能体不知道其他报告，而其他机制如 PTS，只要智能体不知道当前同行报告就允许发布部分结果。至于哪种情况是合适的，这通常由应用程序决定。

在传感应用中，例如污染传感，通常的目标是选择最少数量的传感器来提供对整个空间的覆盖。然而，同行机制需要一定的冗余来验证数据，这通常与最小值相矛盾。

与精度相关的一个问题是，智能体协调信号的风险不同于现象本身，在 Gao 等人的文章[70]中被称为低质量信号。这样的信号通常没那么不确定，而且可能比这种现象的值要少。没有充分确定精度的机制可能更容易使智能体报告这种低质量的信号，主要是因为它们通常更容易被检测到。

最后，一个潜在的问题是，智能体可能会隐瞒信息，希望通过稍后展示获得更多的回报，这是一种被称为反投机的策略。这可能会对实际性能有非常严重的损害，必须要精心设计机制来阻止这种行为。一种方法是基于短期的影响给予回报，即一份报告对该中心在数据被接收到的精确时刻所持有的信息质量的影响。幸运的是，这种短期的回报往往也最容易实现，但它们可以为复杂操作敞开大门，多次报告不同的数据收集多个目标的短期回报，这必须通过下述方法来排除，即限制随着时间的推移，同一智能体提供多个报告这种可能性。

8.2 从激励到回报

在本书中讨论的方案是为了确保智能体采取合作、真实的策略。正如在第 2 章所讨论的那样，通常情况下，激励计划所提供的价值需要通过适当的比例转换为回报。事实上，在保持激励特性不变的情况下，任何正单调变换都是允许的。

最简单的方法是通过线性变换 $\text{pay}=\alpha(\text{inc}+\beta)$ 来扩大 inc 的比例。选择 $\alpha>0$，以使真实和非真实报告之间的差异能够覆盖观察的影响，β 确保无信息报告的预期回报为零。

然而，这种方法有两个缺点：

1）它可能要求有时是负数的回报；

2）由于测量噪声，回报可能非常不稳定。

图 8.1 展示了两种不同场景下回报的波动性：一个是模拟的众包场景；另一个是使用

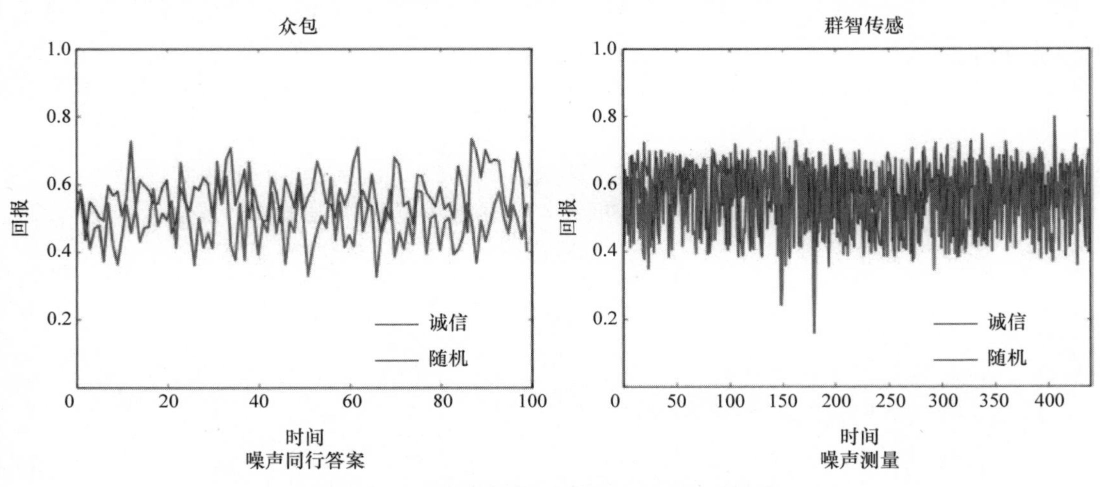

图 8.1 在众包和群智传感中，对于正确答案和不正确答案的回报的可变性（基于参考文献［72］）

Hasenfratz 等人的数据进行的群智传感场景[71]。在众包的场景中，假定使用 Dasgupta 和 Ghosh[41]的回报方案，而群智传感场景使用二次评分规则（如第 2 章所述）对真实数据进行评分。正如所看到的，这两种方案都导致了非常不稳定的回报，准确报告和随机报告之间的差异远远小于回报本身。

如果想通过减去一个合适的 β 使随机报告的预期支付为零，回报通常是负的，而且看起来更加不稳定。

当智能体可以自由地不断修改它们对策略的决定时，让回报更容易被预测显得尤为重要。当同一智能体与中心重复交互时，可以通过缓和多次交互的回报来实现，这样就可以使负的和正的回报达到平衡，从而获得更稳定的正回报。

为了实现这个想法，这里提出了一种类似于第 6 章中的影响限制因素的信誉机制。它可以使用在本书中介绍的任何一种激励机制来生成一个评分，以确定智能体报告的数据的质量。

然而，并没有将此作为即时回报的基础，而是用它来更新智能体的信誉。信誉反过来又决定了智能体在将来的任务中可以获得的回报。

此外，信誉的使用也起到了缓和回报的作用。在激励计划会规定负回报的情况下，现在只是降低信誉，从而减少未来的回报。

与在第 6 章中介绍的影响限制因素不同的是，并没有测量报告对学习模型质量的影响，而是通过同行协议进行评分，例如根据 PTS 方案。模型 $\mathscr{F}$ 在多个同行报告的基础上，也可以对（$\hat{\theta}_{\mathscr{F}}$）进行预测。为了获得线性度，这里建议使用从二次评分规则导出的版本（见第 3 章）：

$$\pi_t(x) = \mathbf{1}_{\hat{\theta}_{\mathscr{F}}=x} - \Pr(\hat{\theta}_{\mathscr{F}} = x)$$
$$\text{score}_t(x) = (1-\alpha)\cdot\pi_t(x) - \alpha$$

利用模型和先验数据可以估计先验概率 $\Pr(\hat{\theta}_{\mathscr{F}} = x)$。参数 α 决定最小可接受质量，即信誉降低的阈值。

基于此评分，在 PropeRBoost 方案[72]中，使用与影响限制因素相似的框架，保持智能体在每个时间 t 的信誉 rep_t。

- 用 $\sigma = \text{rep}_t/(\text{rep}_t+1)$ 来衡量正回报，这个比例因数在报告之前被传递给智能体。
- 智能体选择一个任务，提交数据并获得 $\sigma\cdot\tau$，其中 τ 是回报函数。
- 该机制确定提交数据的得分 score_t，并使用以下指数更新规则来更新信誉：

$$\text{rep}_t = \text{rep}_t\cdot(1+\eta\cdot\text{score}_t)$$

式中，$\eta\in(0,1/2]$ 是一个学习参数。

PropeRBoost 具有以下属性[72]：

- 向准确智能体回报的平均费用接近最大值。
- 对于那些一直表现欠佳的智能体来说，平均回报几乎是最低的。
- 对于熟练度收敛于 p_l 以下水平的智能体，平均回报几乎是最低的。

正如在经验评估中所观察到的那样，这些属性共同意味着对优质和低质量工作的激励之间的区别要小得多。

图8.2显示了该方案在两个模拟场景中的性能。可以看到，与图8.1所示的“原始”激励相比，它在合作策略和随机策略之间创建了非常强的回报差异。还要注意，没有必要理会负回报。

图8.3显示了比例因数σ针对四种不同策略的演变：

1）随机：根据先验分布随机报告。

2）诚信：合作策略。

3）切换：前一半采用合作策略，然后采用随机报告。

4）KeepRep：当尺度低于阈值时采用合作策略，高于阈值时采用随机报告。

可以看到，在这两种情况下，信誉系统都能相当准确地跟踪正确的信誉：随机报告很快就会得不到任何回报，而合作策略则收敛于最大的比例。

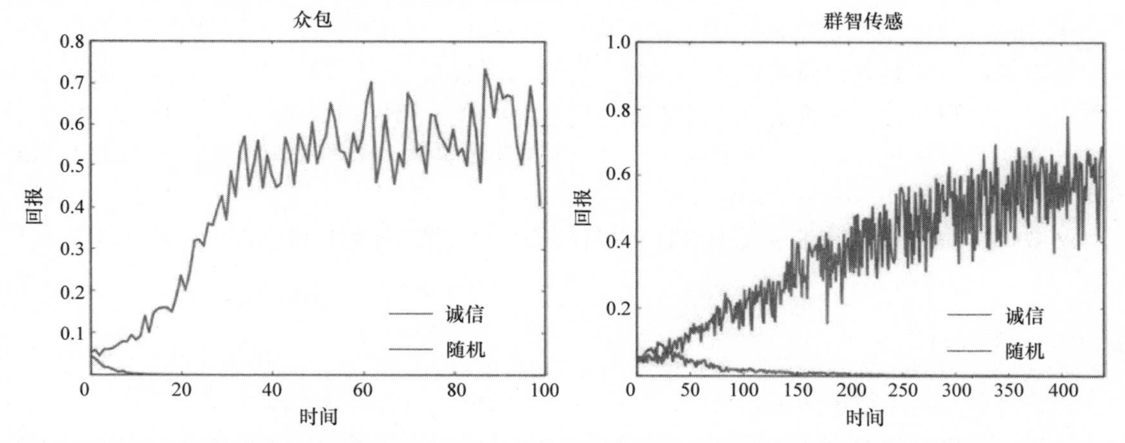

图8.2　回报在众包和群智传感场景中使用PropeRBoost方案进行诚信和随机报告（基于参考文献［72］）

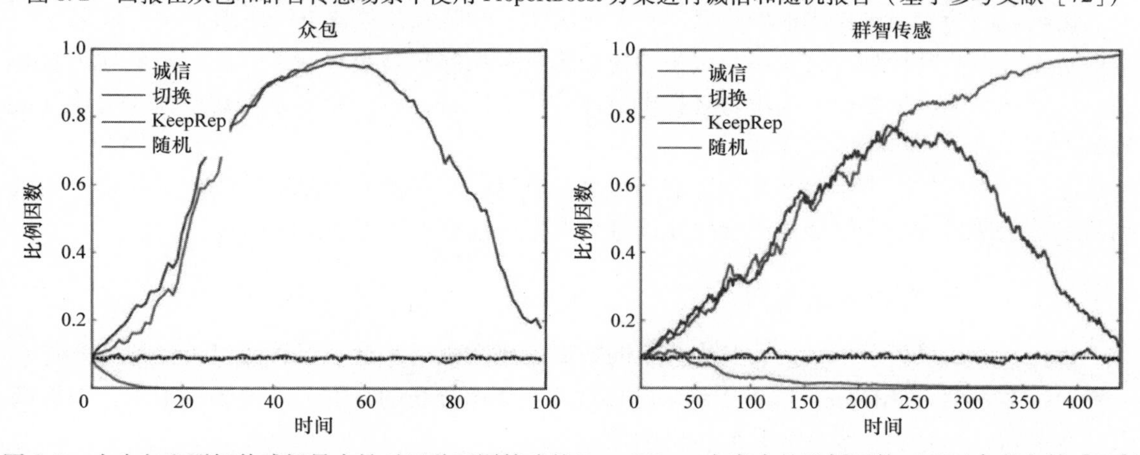

图8.3　在众包和群智传感场景中针对四种不同策略的PropeRBoost方案中的比例因数（基于参考文献［72］）

8.3　与机器学习算法的集成

一个需要着重考虑的点是如何使用数据。通常情况下，它会被一些机器学习算法处理来获得一个模型，而真正的目标是模型的质量。

机器学习算法有很多，信息收集对学习结果影响的精确分析当然取决于所使用的算法的细节。

人们所见过的技术通常应用于从有限的可能性集合或分类模型中提取值。机器学习算法的学习函数 $f(Z)=\Pr(X|Z)$，该函数给出给定特征 Z 的类 X 的估计值。

智能体为不同的特征 z 提供数据，机器学习算法利用这些数据计算模型。应选择数据来优化机器学习算法的收敛性。在众多的可能性中，有两种方法可以做到这一点。

- 直方图：中心从多个同行智能体收集相同参数集 Z 的数据，目标是获得尽可能接近这些特征的 x 的真实概率分布的直方图。用对数损失准则来测量距离，特别是 Kullback - Leibler 散度。这非常适用于不同的评审人员评估完全相同的产品时的产品评审。
- 插值：中心将所有接收到的数据集成到其模型中，并使用模型的预测作为同行估计。这里的数据不一定具有相同的特征 z，但是同行报告可以针对不同的特征 z'，其中模型允许特征之间的插值。收集的数据应尽可能支持模型的收敛。用模型的 Brier 评分与同行报告进行比较来衡量收敛性。例如，这很好地适用于污染测量，每一个测量都是在一个略微不同的点进行的，并且这些点由模型插值。
- 分类：最近，在中心从信息智能体提供的标签中学习分类器的情况下，激励方案也有所应用。

8.3.1 短期的影响

可以将激励数据报告的想法推广到其他学习算法中，最大限度地改善学习结果。在一般的表述中，应该奖励智能体，以便它们的数据对学习模型的质量产生直接影响。本书称之为短期影响，因为它只考虑当前的步骤。在关于随机影响限制器的章节中使用了这个概念。

对于许多奖励计划，将奖励与报告的短期影响联系起来是很直截了当的。虽然这种贪婪的方法不能保证数据提供者为学习者提供最佳的数据组合，但在奖励单个数据项时，这是最好的方法。

在几乎所有情况下，基于短期影响的奖励都有另一个有益的效果：由于模型质量上的数据回报趋于递减，一个智能体不会想要通过推迟报告数据来获得更高的回报。

8.3.2 贝叶斯聚集成直方图

首先，考虑最简单的情况，其中收集的数据是离散值，并且学习算法以贝叶斯方式将它们聚合，即使用式（1.1），以形成越来越接近真实概率分布的直方图。这涵盖了引言中提到的许多情景，例如汇总审查分数或污染度量。

更准确地说，考虑到中心在 t 时刻更新了一个标准化直方图 $R^t=(r^t(x_1),\cdots,r^t(x_n))$。当接收到值 x_i 的报告时，设置：

$$r^{t+1}(x_i)=\frac{tr^t(x_i)+1}{t+1}$$

$$r^{t+1}(x_j)=\frac{t}{t+1}r^t(x_j)$$

通过估计 R 来评估近似分布 Q 的质量的最常见衡量方法是 Kullback - Leibler 散度，表示为

$$D_{KL}(R \parallel Q) = \sum_{i=1}^{n} q(x_i)(\ln q(x_i) - \ln r(x_i)) = -H(Q) - E_Q[\ln r(x_i)]$$

通过最小化第二项 $E_Q[\ln r(x_i)]$可以最小化散度。注意，这只是通过对数评分规则获得的随机选择观察 o 的期望分数，即

$$E_Q[\ln r(x_j)] = E[\ln r(o)] = E[\ln r(x_p)]$$

如果智能体认为同行智能体如实报告，那么第二个不等式成立。这正是根据应用于随机选择的同行报告的对数评分规则奖励智能体的奖励方案，例如同行预测方法和同行测真机。因此，只要智能体认为同行报告是对现象的准确估计，该方案就可以使智能体输出预测的值，这些值进而使中心学到的结果达到最佳收敛。

在同行测真机中有用的报告　可以应用这一观察结果来分析在3.3.2节中讨论的同行测真机的有用报告策略（定义3.7）所获得的属性。假设上述贝叶斯聚合情况下，可以证明，只要智能体采取有用的策略，分布 R 将收敛于真正的分布 P^*[20]，我们称这个属性为渐近精确。

定义8.1　一个信息提取的机制，如果它承认一种平衡，对于平稳现象，该平衡使平均报告收敛于静止现象的真实分布，那么它就是渐近精确的。可以见以下内容[20]。

定理8.2　如果智能体的置信度更新满足自预测条件，具有知情先验置信度的同行测真机渐近准确。

由于同行测真机根据对数评分规则提供奖励，它实现了上面讨论的学习算法。因此，可以看到，不真实但有用的报告实际上最大限度地提高了整个学习系统的收敛速度，比单独的真实报告更快！

同样地，如果想优化直方图的 Brier 分数，即将 R 相对于 S 的均方误差最小化，则会得到使用二次计分规则的方案的相似结果。

8.3.3　模型插值

当可用于插值的模型使用数据时，并不需要一定具有精确的同行。相反，可以通过与随机选择的同行报告比较，来评估智能体报告所获得的模型是否有改进。令 f_{-i}为没有来自智能体 i 的数据而 f 是包含数据的模型。为了计算智能体数据 i 应获的奖励，计算模型为随机选择的同行报告的特征 z'提供的评估差异，即 $SR(f(z'),x_p) - SR(f_{-i}(z'),x_p)$。

理想情况下，使用的方法与同行测真机的推导所使用的方法相一致，即通过当前模型 f_{-i}附近的一阶泰勒展开来近似差异，并使得奖励和导数成正比。然而，所面对的困难是需要知道学习算法关于新事例的导数，并需要弄清楚与同行报告相联系的特征，此外，由于同行报告是随机选择的，因此这种机制不能为导数设定一种特定的特征 z'，这只能是一种期望，当模型是一种插值模型时，用于推导同行测真机的阴影函数在期望中是合理的。在第5

章的污染实例中展示了对这种模型的评估。

另一种可能性是让模型在相邻同行报告之间进行插值，从而生成人工同行报告，作为特征集 z 的模型预测，其与智能体 i 遇到的模型预测相同。虽然这似乎鼓励智能体根据现有模型进行报告，但实际上是前一段方法的相反面，不是在特征 z 附近使用泰勒近似，而是使用特征集合 z' 的近似值，所以能够得到与预期相同的效果。但是用这样的方式实施起来容易很多。在第 3 章使用基本 PTS 的应用于污染实例应用上，应用了上面提到的方法进行评估。

8.3.4 学习分类器

对于中心学习分类器中二元信号的设置，Liu 和 Chen[77] 给出了一种学习技术，使得使用学习分类器的预测作为同行报告的同行预测，真实报告提供最准确的预测。确保真实性的主要困难在于来自同行提供的研究数据可能会有偏差，因此为匹配真实的一个有偏版本需要给定激励。

为了避免这个问题，基于平均分类错误率或翻转率来消除分类器中的偏差，这在所有研究人员中被假设为是统一的。它们的特征是通过区分正例的成功率 p_+ 和负例的成功率 p_-。假设一个样例是正例 p_+ 的真实概率是已知的，它们可以从正标签 p^+ 的观测概率和观测到的两个智能体在同样任务 q 上达成一致的平均率得到，求解方程组的方法如下：

$$q = \mathscr{P}_+ [p_+^2 + (1 - p_+)^2] + (1 - \mathscr{P}_+)[p_-^2 + (1 - p_-)^2]$$

$$p^+ = \mathscr{P}_+ p_+ + (1 - \mathscr{P}_+) p_-$$

正如 Liu 和 Chen[77] 所展示的那样，知道这些成功率可以学习一个无偏的分类器，反过来，它可以作为一种激励计划的基础，并且不受约束，可以集成到回报函数中。尽管 p_+ 和 p_- 的计算需要一些多智能体解决的任务集合，但该集合仅是微小的一部分，并且对于所有其他任务来说，仅需要单个报告。

该方法仅限于二元信号和同质智能体群体，并且难以扩展到更复杂的情形，同时保有证明其有激励属性的可能性的情形。

8.3.5 隐私保护

在某些情况下，信息智能体可能要求机制保护其数据的隐私。要想实现这一点需要将数据聚集到模型中，例如使用机器学习算法，Waggoner 等人[75] 曾描述过这样一种方案。其中给出了奖励以改善学习模型在测试数据上的性能。Ghosh 等人[76] 使用差分隐私框架进行更精确的分析。这些机制给出的隐私保护主要取决于数据聚合到了模型中的事实，单独的贡献实际上是很难确定的。

8.3.6 对智能体行为的限制

在某些情况下，可以对研究人员的行为进行额外的假设，以便只允许某些随机报告策略。例如，Cai 等人[78] 考虑一种智能体观察目标值，而他们的报告是从一个以具有高斯噪声的真实值为中心的分布中采样得到的情况。报告策略的唯一参数是与噪声成反比的工作量。虽然这个设置更具有限制性，但它可以模拟许多真实情况，包括很多传感器网络，尽管不适用于传感器根本无法测量，或者它们的平均测量值不等于真实值的情况。

对于这个设置，他们提出了一个简单的计算机制来支付智能体 i 的报告 x_i，计算机制如下：

$$c_i - d_i(x_i - \hat{f}_{-i})^2$$

式中，$\hat{f}_{-i}$是没有智能体 i 报告而构建的模型。

它们的结果在两个方面令人印象深刻：首先，它适用于模型$\hat{f}$的各种机器学习模型，包括许多形式的回归；其次，尽最大努力是一种主导策略，不仅仅是纳什均衡，无论其他智能体做什么，尽最大努力始终会得到最好的回应。所需的假设并不能使其成为普遍适用的解决方案，但表明会有好的可能性。

第 9 章 总 结

信息系统越来越依赖于数据的大量搜集，这些数据通常从系统设计者直接控制之外的多个源获得。由于获得准确的数据成本高昂，需要对数据供应商的工作进行补偿。这要求我们可以评估数据的质量，以便只支付准确的数据。

在本书中，提出了各种博弈论机制，这些机制激励参与者提供真实的数据，同时惩罚那些提供不良数据的参与者并阻止它们继续参与，这个研究领域仍然处于起步阶段，本书的介绍只能被视为目前最新技术的概览。希望它能帮助传播当前已知技术并帮助人们对这些技术加深理解，并促进该领域的进一步发展。我们还认为，最近的进展提供了第一次能根据数据质量进行支付的机制，这是数据科学发展的一个重要里程碑。

首先指出控制数据质量有三种不同的方法。第一种也是最常见的一种方法是使用统计技术过滤异常值。第二种方法是研究每个智能体提供数据的平均质量，并假设未来数据质量相同。在第 7 章中描述的影响限制器性能方案的例子就是应用的这种方法。

然而，本书的大部分内容都是讲述第三种方法，这种方法对智能体提供激励，促使它们把工作做得更好并提供更加准确的数据。这非常关键，因为这种方法实际上增加了最初可获得的高质量数据的数量。

9.1 对质量激励

首先从激励机制设计开始，描述了两种最重要的激励类型：基于已知真值的，以及基于报告值比较的激励机制，即同行一致性方法。

基于真值的机制的主要优点是，它们使合作策略不仅仅是一种均衡，而且是一种主导策略——最好独立于其他信息智能体所做的事情。因此，不管什么时候利用这些真值，最好利用它的优势能获得更强大的激励属性。

然而，大多数贡献的数据无法通过真值进行验证，或者因为这太昂贵，或者因为它是主观的。因此，本书中大部分技术都是使用同行一致性方法。

当数据中心没有对报告数据进行独立验证时，信息智能体就可能会伪造一个完全不同的数据给数据中心，通过达成一致报告那些与请求信息无关的数据，显然，这种可能性只能通过获得一些真值来排除，例如通过抽查。另一方面，数据中心不可能通过其他方式检测到这种共谋的欺骗行为。

9.2　分类同行一致性机制

本书已经提出了各种同行一致性机制，这些机制可以应用于不同的场景。应用的特性将强加特定的要求，特定的要求会帮助选择最佳的机制。为了能够得到正确的选择，根据五个不同的标准进行分类，以确定它们与应用的匹配程度。

任务空间的大小（见图9.1）　第一个标准与每个信息智能体引出的数据量有关。即使仅引出单个数据项，某些机制（例如同行预测和BTS）也适用。此外，像如Log－PTS和PTSC，要求智能体群体回应大量（先验的）类似的启发任务以提供更强的机制。在这两者之间，有相关协议，协议表明它确实需要多个类似的任务。但只要预先知道相关性，那么智能体群体就不需要做过多的启发任务。

通常来说，应用程序将决定可以做出什么假设。民意调查和评论通常不会有多个类似的假设，而众包和同行评分通常能做到。

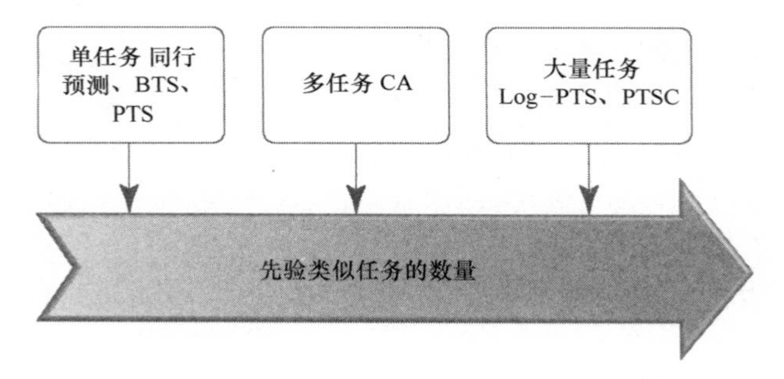

图9.1　任务空间的大小

每个智能体引出的信息（见图9.2）　一些机制只要求智能体提供数据，而有些像BTS这样的机制要求增加预测报告（预测报告可能比数据本身更大），如CA的机制要求智能体为相似任务提交多个数据项。

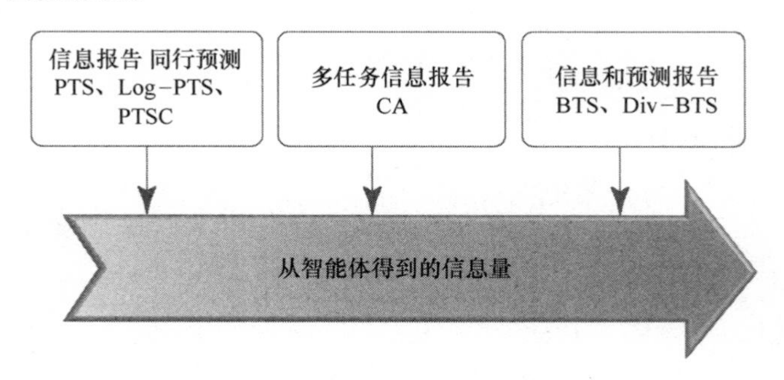

图9.2　每项任务引出的信息量

所需的同行数量（见图9.3）　同行一致性依赖于比较相同（或至少高度相似）任务上的同行报告。在某些像产品评论这样的应用中，总会有许多同行回答完全相同的问题，因此可以应用诸如BTS之类的需要大量同行的机制。另一方面，在整个群体中让同行解决相同的问题是浪费精力，因此人们想使用诸如同行预测之类的机制（甚至可以让同行来解决只统计相关问题答案的任务）。作为第三种可能性，以 PTSC 机制为例，它需要很多的智能体来解决大量问题，但每一个任务只有一个同行。

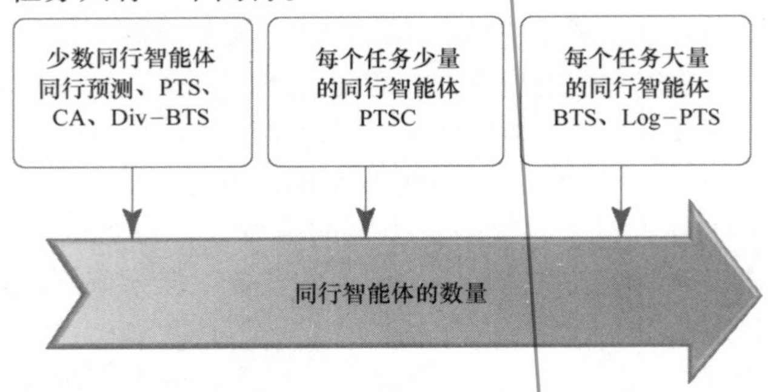

图 9.3　机制所需的同行数量

智能体信念的知识（见图 9.4）　有些机制与智能体的思维模式密切相关，在进行设计时需要非常准确地知道智能体的意思，应用同行预测机制的一个重要要求是了解对不同观测信号的智能体后验信念。另一方面，PTS 需要先验信念的知识，他们通常很容易获得并且不依赖于观察到的信号。BTS 机制的最大优点是它们通过附加预测报告获得有关设计灵感的知识，因此机制的设计者几乎不需要掌握过多相关的知识。

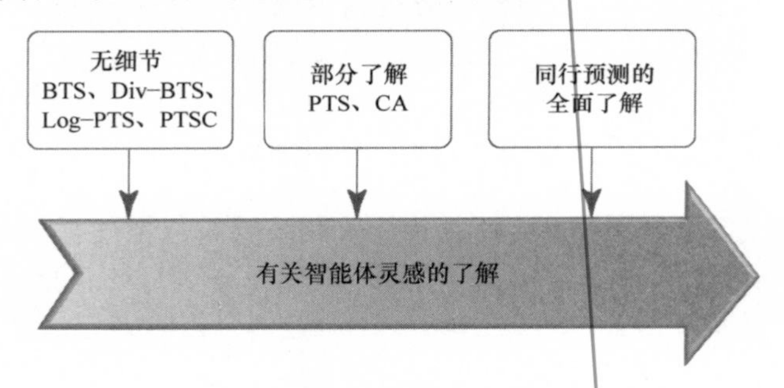

图 9.4　有关智能体信念的信息

激励的强度（见图 9.5）　可以看到所有机制都有严格的均衡策略，这些策略是真实的，并且通过缩放可以组合在一起。然而，机制均衡的强度存在着差异。在同行预测中，真实均衡通常没有最高的期望回报，为了能使真实均衡成为中心，在机制设计中需要特别谨慎。

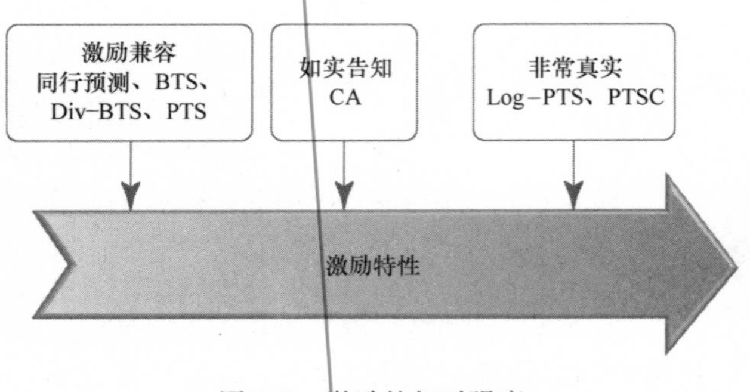

图 9.5　激励的相对强度

另一方面，大多数多任务机制都是非常真实的，这意味着它们保证报告的真实性不仅是机制的严格平衡，而且能获得最高的回报。

与任何其他无信息的报告策略（智能体来进行观察的策略）相比，相关协议还保证真实报告能产生更大的回报。它没有为区分相关值提供激励。

在第8章中看到，根据引发场景的不同，不同方案的预期回报存在很大差异。这些预期的奖励会对信息智能体参与机制的动机产生影响，因此信息智能体群体将会通过自我选择形成。

9.3　信息聚合

激励智能体参与到一个最优的信息整合中是很好的，与信息控制方相比，信息智能体可能有更扎实的知识基础。本书讨论了两种激励措施也涉及信息整合的方案：一是预测市场；二是受预测市场框架影响的信誉系统。提出并解决了两个问题：

- 如何将所需信息与智能体的置信度一起引出。
- 如何限制恶意智能体对学习产生的负面影响。

第一个问题可以通过预测市场来解决，该市场类似于股票市场设计，不断地增加智能体对自己预测结果的置信度。第二个是影响限制器，专门用于在线信息融合，其中信息提供者不能操纵聚合结果。这两种方法都使用可验证的信息来源以确定智能体报告的质量。

此研究方向的其他工作还没有讨论，这就包括智能体的投注方案，以及诸如Delphi方法的共识方案，其中智能体迭代地改进它们的报告以达成共识。本书没有讨论这些方案，因为它们涉及比简单报告真实数据更复杂的策略，而简单报告真实数据是必须要讨论的。

9.4　未来的工作

可以从很多方向扩展本书探讨的各种机制，以下是一些看起来对人们很重要的问题：

- 大多数有关同行一致性技术的工作假定智能体及其同行会观察到完全相同的潜在现象。这通常是不真实的：人们不会在同一位置进行多个传感器测量，这样就不会在相同的任务上耗费过多的精力。试验中，描述的许多机制都能很好地利用高度相关的信号，而不是进行相同的测量。然而，并没有证据表明这些存在真实的均衡。
- 当数据涉及大量可能的答案时，信号值之间的差距变得非常小，因此刺激变得越来越不稳定。对于连续值的极端情况，可以扩展基于散度的BTS机制。本书推测，也可以使用随机选择区间的类似结构来扩展PTS机制，但到目前为止，这种推测还不能成为现实。
- 当信息智能体不理性甚至有恶意时，尽可能限制它们对结果造成的影响。本书提出的影响限制器方法实现了这一点，但只有信息可以得到验证时才能实现。有趣的是，在什么条件下可以扩展所讨论的方法，来满足基于同行一致性的评估，这其中只有一小部分智能体值得信任。
- 当智能体的目标是影响那些使用它们提供的数据的机器学习算法的结果时，学习算法将对激励作用产生影响。激励和特定机器学习算法之间的相互作用很难分析，因为机器学习算法的影响通常是高度非线性的。

参考文献

[1] Nan Hu, Paul A. Pavlou, and Jennifer Zhang, Can online reviews reveal a product's true quality? Empirical findings and analytical modeling of Online word-of-mouth communication, *7th ACM Conference on Electronic Commerce*, pp. 324–330, 2006. DOI: 10.1145/1134707.1134743. 2

[2] Nan Hu, Paul A. Pavlou, and Jennifer Zhang, On self-selection bias in online product reviews, *Management Information Systems Quarterly*, 2017. DOI: 10.25300/misq/2017/41.2.06. 2

[3] Vikas C. Raykar, Shipeng Yu, Linda H. Zhao, Gerardo Hermosillo Valadez, Charles Florin, Luca Bogoni, and Linda Moy, Learning from crowds, *Journal of Machine Learning Research*, **11**, pp. 1297–1322, 2010. 6

[4] Yuqing Kong and Grant Schoenebeck, A framework for designing information elicitation mechanisms that reward truth-telling, *arXiv:1605.01021*, 2016. 10, 66, 74, 81

[5] Alexander P. Dawid and A. M. Skene, Maximum likelihood estimation of observer error-rates using the EM algorithm, *Journal of the Royal Statistical Society. Series C (Applied Statistics)*, **28**(1), pp. 20–28, 1979. DOI: 10.2307/2346806. 6, 13, 75

[6] Nicolas Lambert, David M. Pennock, and Yoav Shoham, Eliciting properties of probability distributions, *Proc. of the 9th ACM Conference on Electronic Commerce (EC)*, pp. 129–138, 2008. DOI: 10.1145/1386790.1386813. 22

[7] Nicolas Lambert and Yoav Shoham, Eliciting truthful answers to multiple-choice questions, *Proc. of the 10th ACM Conference on Electronic Commerce (EC)*, pp. 109–118, 2009. DOI: 10.1145/1566374.1566391. 22

[8] Luca de Alfaro, Marco Faella, Vassilis Polychronopoulos, and Michael Shavlovsky, Incentives for truthful evaluations, *arXiv:1608.07886*, 2016. 23

[9] Glenn W. Brier, Verification of forecasts expressed in terms of probability, *Monthly Weather Review*, **78**(13), 1950. DOI: 10.1175/1520-0493(1950)078%3C0001:vofeit%3E2.0.co;2. 24

[10] Irving John Good, Rational decisions, *Journal of the Royal Statistical Society*, **14** pp. 107–114, 1952. DOI: 10.1007/978-1-4612-0919-5_24. 24

[11] Tilmann Gneiting and Adrian E. Raftery, Strictly proper scoring rules, prediction, and estimation, *JASA*, **102**(477), 2007. DOI: 10.21236/ada459827. 24

[12] Edward H. Simpson, Measurement of diversity, *Nature*, pp. 163–688, 1949. DOI: 10.1038/163688a0. 25

[13] Luis von Ahn and Laura Dabbish, Designing games with a purpose, *Communications of the ACM*, **51**, pp. 58–67, 2008. DOI: 10.1145/1378704.1378719. 29

[14] Yang Liu and Yiling Chen, Learning to incentivize: Eliciting effort via output agreement, *Proc. of the 25th International Joint Conference on Artificial Intelligence (IJCAI)*, 2016. 31

[15] Nolan Miller, Paul Resnick, and Richard Zeckhauser, Eliciting informative feedback: The peer prediction method, *Management Science*, 2005. DOI: 10.1287/mnsc.1050.0379. 32, 33

[16] Radu Jurca and Boi Faltings, Mechanisms for making crowds truthful, *JAIR*, **34**, pp. 209–253, 2009. 31, 36

[17] Yuqing Kong, Katrina Ligett, and Grant Schoenebeck, Putting peer prediction under the micro(economic)scope and making, *arXiv:1603.07319*, 2016. DOI: 10.1007/978-3-662-54110-4_18. 38

[18] Rafael Frongillo and Jens Witkowski, A geometric method to construct minimal, *Proc. of the 30th AAAI Conference on Artificial Intelligence*, pp. 502–508, 2016. 32, 39, 40, 41

[19] Jens Witkowski and David C. Parkes, A robust Bayesian truth serum for small populations, *AAAI*, 2012. 30, 41

[20] Radu Jurca and Boi Faltings, Incentives for answering hypothetical questions, *SCUGC*, 2011. 32, 47, 116

[21] Radu Jurca, Boi Faltings, and Walter Binder, Reliable QoS monitoring based on client feedback, *Proc. of the 16th International Conference on World Wide Web (WWW)*, pp. 1003–1012, 2007. DOI: 10.1145/1242572.1242708. 48

[22] Boi Faltings, Jason J. Li, and Radu Jurca, Incentive mechanisms for community sensing, *IEEE Transaction on Computers*, **63**(1), pp. 115–128, 2014. DOI: 10.1109/tc.2013.150. 45, 49, 50

[23] Gustav Theodor Fechner, Elements of psychophysics, *Breitkopf und Härtel*, 1860. DOI: 10.1037/11304-026. 55

[24] Jan Lorenz, Heiko Rauhut, Frank Schweitzer, and Dirk Helbing, How social influence can undermine the wisdom of crowd effect, *Proc. of the National Academy of Sciences*, **108**(22), pp. 9020–9025, 2011. DOI: 10.1073/pnas.1008636108. 57

[25] Boi Faltings, Pearl Pu, Bao Duy Tran, and Radu Jurca, Incentives to counter bias in human computation, *Proc. of HCOMP*, pp. 59–66, 2014. 57, 58

[26] Elaine E. Marconi, Experience of a Lifetime, 2007. `https://www.nasa.gov/mission_pages/station/behindscenes/student_visit.html` 57

[27] Shih-Wen Huang and Wai-Tat Fu, Enhancing reliability using peer consistency evaluation in human computation, *Proc. of the Conference on Computer Supported Cooperative Work*, pp. 639–648, 2013. DOI: 10.1145/2441776.2441847. 57, 82

[28] Drazen Prelec, A Bayesian truth serum for subjective data, *Science*, **306**(5695), pp. 462–466, 2004. DOI: 10.1126/science.1102081. 59, 61

[29] Drazen Prelec and Sebastian Seung, An algorithm that finds truth even if most people are wrong, Unpublished manuscript, 2006. 69

[30] Ray Weaver and Drazen Prelec, Creating truth-telling incentives with the Bayesian truth serum, *Journal of Marketing Research*, **50**(3), pp. 289–302, 2013. DOI: 10.1509/jmr.09.0039. 70

[31] Leslie K. John, George Loewenstein, and Drazen Prelec, Measuring the prevalence of questionable research practices with incentives for truth-telling, *Psychological Science*, **23**(5), pp. 524–532, 2012. DOI: 10.2139/ssrn.1996631. 70

[32] Drazen Prelec, H. Sebastian Seung, and John McCoy, A solution to the single-question crowd wisdom problem, *Nature*, **541**, pp. 532–535, 2017. DOI: 10.1038/nature21054. 70

[33] Jens Witkowski and David C. Parkes, A robust Bayesian truth serum for small populations, *Proc. of the 26th Conference on Artificial Intelligence (AAAI)*, 2012 62

[34] Goran Radanovic and Boi Faltings, A robust Bayesian truth serum for non-binary signals, *Proc. of the 27th Conference on Artificial Intelligence (AAAI)*, 2013. 32, 62, 63, 64

[35] Goran Radanovic and Boi Faltings, Incentives for truthful information elicitation of continuous signals, *Proc. of the 28th Conference on Artificial Intelligence (AAAI)*, 2014. 64, 66, 67

[36] Goran Radanovic, Elicitation and aggregation of crowd information, Ph.D. thesis (EPFL), 2016. 32, 64, 67

[37] Yuqing Kong and Grant Schoenebeck, Equilibrium selection in information elicitation without verification via information monotonicity, *arXiv:1603.07751*, 2016. 64, 66

[38] Jens Witkoswki and David C. Parkes, Peer prediction without a common prior, *Proc. of the 13th ACM Conference on Electronic Commerce (EC)*, pp. 964–981, 2012. DOI: 10.1145/2229012.2229085. 69

[39] Peter Zhang and Yiling Chen, Elicitability and knowledge-free elicitation with peer prediction, *Proc. of the 13th International Conference on Autonomous Agents and Multiagent Systems (AAMAS)*, pp. 245–252, 2014. 69

[40] Radu Jurca and Boi Faltings, Incentives for expressing opinions in online polls, *Proc. of the 9th ACM Conference on Electronic Commerce (EC)*, pp. 119–128, 2008. DOI: 10.1145/1386790.1386812.

[41] Anirban Dasgupta and Arpita Ghosh, A Crowdsourced judgement elicitation with endogenous proficiency, *Proc. of the 22nd International Conference on World Wide Web (WWW)*, pp. 319–330, 2013. DOI: 10.1145/2488388.2488417. 71, 72, 111

[42] Victor Shnayder, Arpit Agarwal, Rafael Frongillo, and David. C. Parkes, Informed truthfulness in multi-task peer prediction, *Proc. of the ACM Conference on Economics and Computation (EC)*, pp. 179–196, 2016. DOI: 10.1145/2940716.2940790. 72, 75

[43] Arpit Agarwal, Debmalya Mandal, David Parkes, and Nisarg Shah, Peer prediction with heterogeneous users, *Proc. of the ACM Conference on Economics and Computation (EC)*, pp. 81–98, 2017. DOI: 10.1145/3033274.3085127. 75

[44] Goran Radanovic, Radu Jurca, and Boi Faltings, Incentives for effort in crowdsourcing using the peer truth serum, *ACM Transactions on Intelligent Systems and Technology (TIST)*, **7**(4), art. no 48, 2016. DOI: 10.1145/2856102. 76, 79

[45] Goran Radanovic and Boi Faltings, Incentive schemes for participator sensing, *Proc. of the 14th International Conference on Autonomous Agents and Multiagent Systems (AAMAS)*, 2015. 79, 80, 86

[46] Vijay Kamble, Nihar B. Shah, David Marn, Abhay Parekh, and Kannan Ramachandran, Truth serums for massively crowdsourced evaluation tasks, *arXiv:1507.07045*, 2016. 81, 82

[47] Joyce E. Berg and Thomas A. Rietz, The Iowa electronic markets: Stylized facts and open issues, *Information Markets: A New Way of Making Decisions*, pp. 142–169, 2006. 89

[48] Rafael M. Frongillo, Yiling Chen, and Ian A. Kash, Elicitation for aggregation, *arXiv:1410.0375*, 2014.

[49] Johan Ugander, Ryan Drapeau, and Carlos Guestrin, The wisdom of multiple guesses, *Proc. of the 16th ACM Conference on Economics and Computation (EC)*, pp. 643–660, 2015. DOI: 10.1145/2764468.2764529.

[50] Jacob Abernethy and Rafael M. Frongillo, A collaborative mechanism for crowdsourcing prediction problems, *NIPS*, 2011. 94

[51] Rafael M. Frongillo, Yiling Chen, and Ian A. Kash, Elicitation for aggregation, *arXiv:1410.0375*, 2015. 95

[52] Robin Hanson, Logarithmic market scoring rules for modular combinatorial information aggregation, *Journal of Prediction Markets*, 2002. 91, 92

[53] Yiling Chen and David M. Pennock, A utility framework for bounded-loss market makers, *Proc. of the 23rd Conference on Uncertainty in Artificial Intelligence (UAI)*, 2007. 91

[54] Jacob Abernethy, Sindhu Kutty, Sébastien Lahaie, and Rahul Sami, Information aggregation in exponential family markets, *Proc. of the 15th ACM Conference on Economics and Computation (EC)*, pp. 395–412, 2014. DOI: 10.1145/2600057.2602896. 92

[55] Florent Garcin and Boi Faltings, Swissnoise: Online polls with game-theoretic incentives, *Proc. of the 26th Conference on Innovative Applications of AI*, pp. 2972–2977, 2014. 51, 53, 55, 56, 93, 94

[56] Paul Resnick and Rahul Sami, The influence limiter: Provably manipulation-resistant recommender systems, *Proc. of the ACM Conference on Recommender Systems (RecSys)*, pp. 25–32, 2007. DOI: 10.1145/1297231.1297236. 98

[57] Roslan Ismail and Audun Josang, The beta reputation system, *Proc. of the 15th Bled Conference on Electronic Commerce (EC)*, 2002. 100

[58] Sonja Buchegger and Jean-Yves Le Boudec, A robust reputation system for mobile ad-hoc networks, *P2PEcon*, 2003. 100

[59] Goran Radanovic and Boi Faltings, Limiting the influence of low quality information in community sensing, *Proc. of the International Conference on Autonomous Agents and Multiagent Systems (AAMAS)*, pp. 873–881, 2016. 101, 102

[60] Nihar B. Shah and Dengyong Zhou, Double or nothing: Multiplicative incentive mechanisms for crowdsourcing, *arXiv:1408.1387*, 2015. 102

[61] Nihar B. Shah and Dengyong Zhou, No oops, you won't do it again: Mechanisms for self-correction in crowdsourcing, *Proc. of the 33rd International Conference on Machine Learning*, pp. 1–10, 2016. 102

[62] Jacob Steinhardt, Gregory Valiant, and Moses Charikar, Avoiding imposters and delinquents: Adversarial crowdsourcing and peer prediction, *arXiv:1606.05374*, 2016. 102

[63] Ofer Dekel and Ohad Shamir, Good learners for evil teachers, *Proc. of the 26th Annual International Conference on Machine Learning*, 2009. DOI: 10.1145/1553374.1553404. 105

[64] Ofer Dekel, Felix Fischer, and Ariel D. Procaccia, Incentive compatible regression learning, *Journal of Computer and System Sciences*, **76**(8), pp. 759–777, 2010. DOI: 10.1016/j.jcss.2010.03.003. 103, 104

[65] Reshef Meir, Ariel D. Procaccia, and Jeffrey S. Rosenschein, Strategyproof classification under constant hypotheses: A tale of two functions, *Proc. of the 24th AAAI Conference on Artificial Intelligence*, 2008. 103, 105

[66] Reschef Meir, Ariel D. Procaccia, and Jeffrey S. Rosenschein, Algorithms for strategyproof classification, *Artificial Intelligence*, **186**, pp. 123–156, 2008. DOI: 10.1016/j.artint.2012.03.008. 103, 105

[67] Jacob Steinhardt, Gregory Valiant, and Moses Charikar, Avoiding imposters and delinquents: Adversarial crowdsourcing and peer prediction, *NIPS*, 2016. 105

[68] Moses Charikar, Jacob Steinhardt, and Gregory Valiant, Learning from untrusted data, *STOC*, 2017. DOI: 10.1145/3055399.3055491. 105

[69] Radu Jurca and Boi Faltings, Enforcing truthful strategies in incentive compatible reputation mechanisms, *WINE: Internet and Network Economics*, pp. 268–277, 2005. DOI: 10.1007/11600930_26. 108

[70] Alice Gao, James R. Wright, and Kevin Leyton-Brown, Incentivizing evaluation via limited access to ground truth: Peer-prediction makes things worse, *arXiv:1606.07042*, 2016. 108, 110

[71] Jason Jingshi Li, Boi Faltings, Olga Saukh, David Hasenfratz, and Jan Beutel, Sensing the air we breathe—the OpenSense Zurich dataset Opensense Zurich dataset, *Proc. of the 26th AAAI Conference on Artificial Intelligence*, 2012. 111

[72] Goran Radanovic and Boi Faltings, Learning to scale payments in crowdsourcing with PropeRBoost, *Proc. of the 4th AAAI Conference on Human Computation and Crowdsourcing (HCOMP)*, 2016. 112, 113, 114

[73] Xi Alice Gao, Andrew Mao, Yiling Chen, and Ryan P. Adams, Trick or treat: Putting peer prediction to the test, *Proc. of the 15th ACM Conference on Economics and Computation (EC)*, 2014. DOI: 10.1145/2600057.2602865. 108

[74] Victor Shnayder, Rafael M. Frongillo, and David C. Parkes, Measuring performance of peer prediction mechanisms using replicator dynamics, *Proc. of the 25th International Joint Conference on Artificial Intelligence (IJCAI)*, 2016. 108

[75] Bo Waggoner, Rafael M. Frongillo, and Jacob D. Abernethy, A market framework for eliciting private data, *Advances in Neural Information Processing Systems 28 (NIPS)*, 2015. 118

[76] Arpita Ghosh, Katrina Ligett, Aaron Roth, and Grant Schoenebeck, Buying private data without verification, *Proc. of the 15th ACM Conference on Economics and computation (EC)*, pp. 931–948, 2014. DOI: 10.1145/2600057.2602902. 118

[77] Yang Liu and Yling Chen, Machine-learning aided peer prediction, *Proc. of the ACM Conference on Economics and Computation (EC)*, pp. 63–80, 2017. DOI: 10.1145/3033274.3085126. 117, 118

[78] Yang Cai, Constantinos Daskalakis, and Christos Papadimitriou, Optimum statistical estimation with strategic data sources, *JMLR: Workshop and Conference Proceedings*, **40**, pp. 1–17, 2015. 118